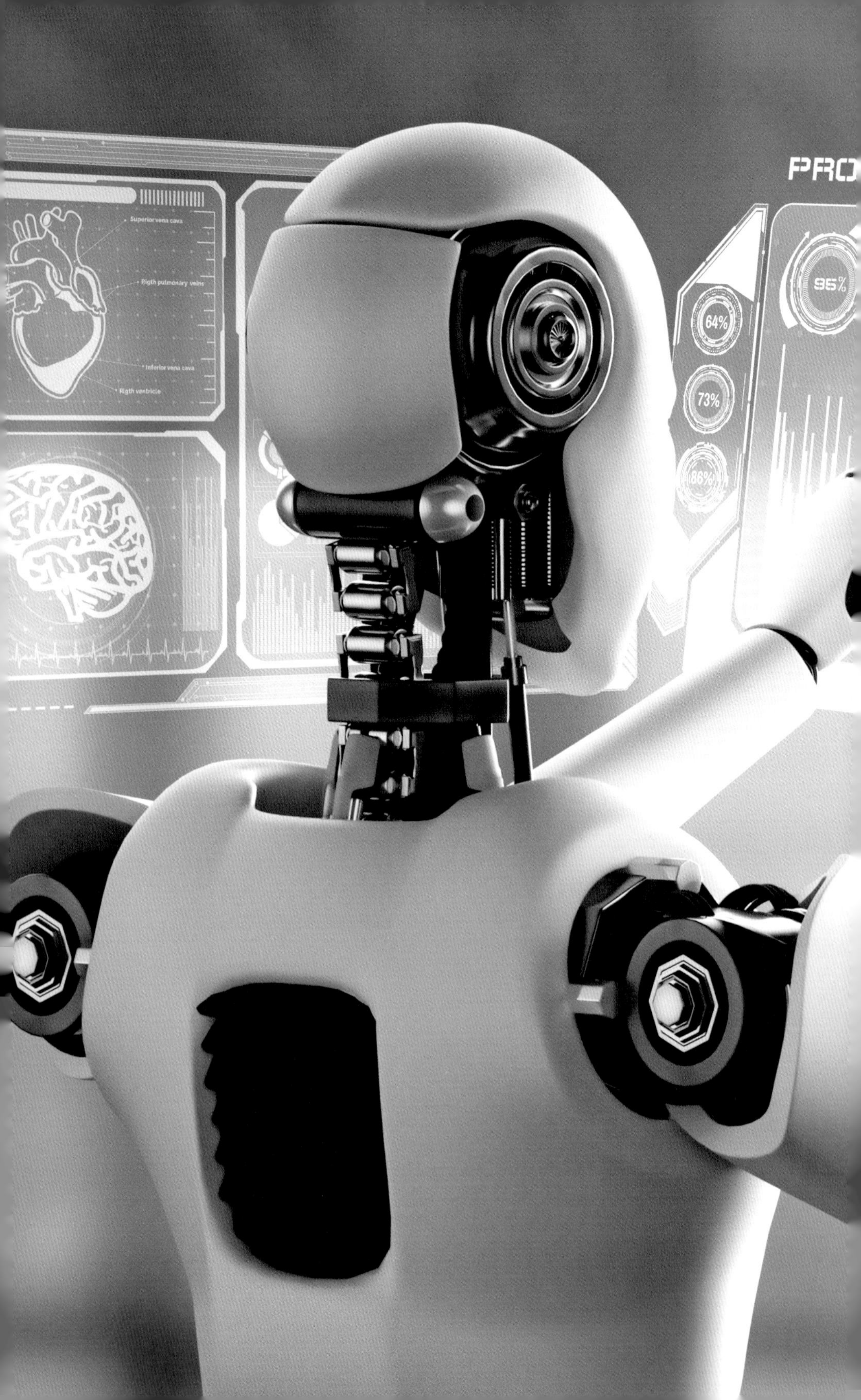
Superior vena cava
Rigth pulmonary veins
Inferior vena cava
Rigth ventricle
PRO
95%
64%
73%
86%

65%
46%
70%
55%
WORLD MAP
79%

北大名师讲科普系列

编委会

本册编写人员

编　　著：谢广明

核心编者：陈清伟　黄文山

其他编者：刘宝艳　王　志　钱雨琨　王　冰

北大名师讲科普系列

丛书主编 方方 马玉国

北京市科学技术协会
科普创作出版资金资助

探知无界

机器人技术的演进与未来

谢广明 编著

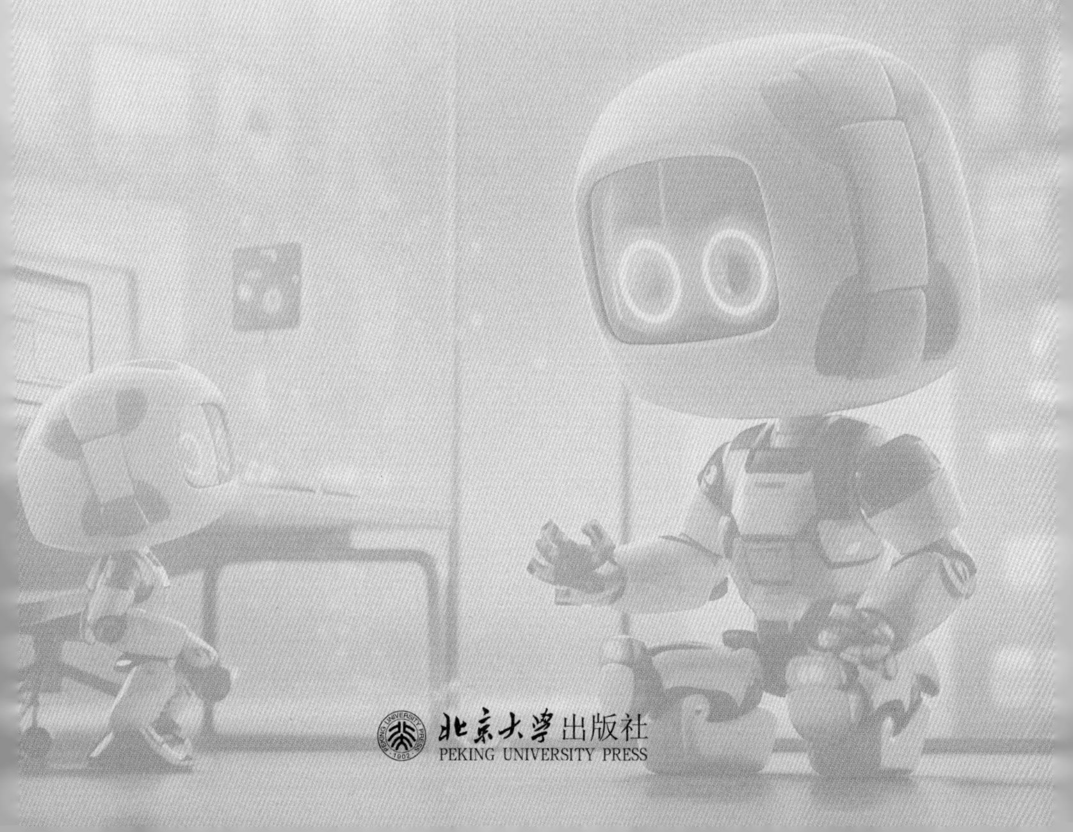

北京大学出版社
PEKING UNIVERSITY PRESS

图书在版编目（CIP）数据

探知无界：机器人技术的演进与未来 / 谢广明编著 . -- 北京：北京大学出版社，2025. 1. --（北大名师讲科普系列）. -- ISBN 978-7-301-35392-9

Ⅰ. TP24

中国国家版本馆 CIP 数据核字第 2024S4P591 号

书　　名	探知无界：机器人技术的演进与未来 TANZHI WUJIE：JIQIREN JISHU DE YANJIN YU WEILAI
著作责任者	谢广明　编著
丛 书 策 划	姚成龙　王小恺
丛 书 主 持	李　晨　王　璠
责 任 编 辑	李　玥
标 准 书 号	ISBN 978-7-301-35392-9
出 版 发 行	北京大学出版社
地　　址	北京市海淀区成府路 205 号　100871
网　　址	http://www.pup.cn　新浪微博：@ 北京大学出版社
电 子 邮 箱	编辑部 zyjy@ pup.cn　总编室 zpup@ pup.cn
电　　话	邮购部 010-62752015　发行部 010-62750672　编辑部 010-62704142
印 刷 者	北京九天鸿程印刷有限责任公司
经 销 者	新华书店
	787mm × 1092mm　16 开本　8 印张　98 千字
	2025 年 1 月第 1 版　2025 年 1 月第 1 次印刷
定　　价	48.00 元

总　序

龚旗煌
（北京大学校长，北京市科协副主席，中国科学院院士）

科学普及（以下简称“科普”）是实现创新发展的重要基础性工作。党的十八大以来，习近平总书记高度重视科普工作，多次在不同场合强调“要广泛开展科学普及活动，形成热爱科学、崇尚科学的社会氛围，提高全民族科学素质”“要把科学普及放在与科技创新同等重要的位置”，这些重要论述为我们做好新时代科普工作指明了前进方向、提供了根本遵循。当前，我们正在以中国式现代化全面推进强国建设、民族复兴伟业，更需要加强科普工作，为建设世界科技强国筑牢基础。

做好科普工作需要全社会的共同努力，特别是高校和科研机构教学资源丰富、科研设施完善，是开展科普工作的主力军。作为国内一流的高水平研究型大学，北京大学在开展科普工作方面具有得天独厚的条件和优势。一是学科种类齐全，北京大学拥有哲学、法学、政治学、数学、物理学、化学、生物学等多个国家重点学科和世界一流学科。二是研究领域全面，学校的教学和研究涵盖了从基础科学到应用科学，从人文社会科学到自然科学、工程技术的广泛领域，形成了综合性、多元化的布局。三是科研实力雄厚，学校拥有一批高水平的科研机构和创新平台，包括国家重点实验室、国家工程研究中心等，为师生提供了广阔的科研空间和丰富的实践机会。

多年来，北京大学搭建了多项科普体验平台，定期面向公众开展科普教育活动，引导全民“学科学、爱科学、用科学”，在提高公众科学文化素质等方面作出了重要贡献。2021年秋季学期，在教育部支持下北京大学启动了“亚洲青少年交流计划”项目，来自中日两国的中学生共同参与线上课堂，相互学习、共同探讨。项目开展期间，两国中学生跟随北大教授们学习有关机器人技术、地球科学、气候变化、分子医学、化学、自然保护、考古学、天文学、心理学及东西方艺术等方面的知识与技能，探索相关学科前沿的研究课题，培养了学生跨学科思维与科学家精神，激发学生对科学研究的兴趣与热情。

“北大名师讲科普系列”缘起于“亚洲青少年交流计划”的科普课程，该系列课程借助北京大学附属中学开设的大中贯通课程得到进一步完善，最后浓缩为这套散发着油墨清香的科普丛书，并顺利入选北京市科学技术协会2024年科普创作出版资金资助项目。这套科普丛书汇聚了北京大学多个院系老师们的心血。通过阅读本套科普丛书，青少年读者可以探索机器人的奥秘、环境气候的变迁原因、显微镜的奇妙、人与自然的和谐共生之道，领略火山的壮观、宇宙的浩瀚、生命中的化学反应，等等。同时，这套科普丛书还融入了人文艺术的元素，使读者们有机会感受不同国家文化与艺术的魅力、云冈石窟的壮丽之美，从心理学角度探索青少年期这一充满挑战和无限希望的特殊阶段。

这套科普丛书也是我们加强科普与科研结合，助力加快形成全社会共同参与的大科普格局的一次尝试。我们希望这套科普丛书能为青少年读者提供一个“预见未来”的机会，增强他们对科普内容的热情与兴趣，增进其对科学工作的向往，点燃他们当科学家的梦想，让更多的优秀人才竞相涌现，进一步夯实加快实现高水平科技自立自强的根基。

目录 CONTENTS

第三讲 | 魅力机器鱼 / 77

导　语

在科技日新月异的今天，机器人技术正以令人瞩目的速度突飞猛进，不仅吸引了全球的目光，更深刻地改变着我们的生活与工作方式。

这些融合了人工智能、机械工程、电子控制、传感器技术及先进材料科学等多个领域尖端成果的产物，已经远远超越了传统意义上“自动化工具”的范畴，成为一种集高科技智慧于一体的综合系统或设备。它们不再仅仅局限于工业生产线上，而是逐渐渗透到医疗健康、教育娱乐、家庭服务、灾害救援乃至太空探索等广泛领域，预示着一个机器人与人类共生共荣的新时代即将到来。

来了解机器人吧！让我们一起踏上这场科技之旅，探索机器人技术如何不断拓展人类的认知边界，引领我们迈向一个充满无限可能的未来。

感兴趣的读者可扫描二维码
观看本课程视频节选

第一讲

机器人时代

提到机器人，你的脑海中是否会出现一个个生动具体的形象？是《流浪地球》中那位深谋远虑的智能驾驶员 MOSS？还是《变形金刚》中那些能够自由变换形态、兼具力量与智慧的机械生命体？又或是《机器人总动员》中那对充满温情与希望的机器人搭档——伊娃与瓦力？

有些同学可能想象机器人与人类长得一模一样，难以分辨；甚至在未来的某一天，我们或许能与机器人同学并肩漫步在校园里，共同学习，共同成长。然而，也有人坚持认为，机器人应当保持其独特的机械外形，就像一个来自未来的机械怪兽，便于与人类进行区分。

但同时，更多的同学渴望拥有一位像《超能陆战队》中的“大白”那样的机器人伙伴，能在关键时刻挺身而出，为我们提供无微不至的关怀与帮助。它不仅是科技的结晶，更是人类情感的寄托，象征着未来机器人与人类之间可能建立的深厚友谊与合作关系。

（a）《流浪地球》中的 MOSS

（b）《变形金刚》中的大黄蜂

（c）《机器人总动员》中的伊娃（左）和瓦力（右）

（d）《超能陆战队》中的大白（右）

科幻电影或动画片中的机器人

上述这些机器人的形象，或许对一些同学来说已经很熟悉，而有些同学可能还未接触过。它们大多源自我们所观看的科幻电影或动画片。但我们是否了解现实中的机器人呢？它们实际上是什么模样呢？接下来，请看看下面这三张图片。

现实生活中的刀削面机器人

这三张图片中有喜羊羊、奥特曼，还有一个穿着厨师服装的假人。同学们能猜到这三个机器人的用途吗？答案很简单，它们都是用来做刀削面的。图 1-2 中最下面这个假人“刀削面师傅”，是由我国的一位普通农民研发出来的，它能够代替人完成刀削面的制作工作。尽管这位农民未接受过高等教育，但他开发的机器人非常实用，已经被我国许多餐馆采用，极大地缓解了劳动力短缺的问题，北京大学的食堂甚至也装备了这样一个刀削面机器人。这或许与我们通常对机器人所持有的高端、先进形象的认知有所不同，但它充分展现了机器人技术在生活中的实际应用价值。

另一个值得一提的例子是由美国波士顿动力公司（Boston Dynamics）研制的双足人形机器人 Atlas（中文译作“阿特拉斯”，是古希腊神话中的擎天巨神的名字）。Atlas 身高 1.8 米，四肢由液压驱动，具备先进的传感器和控制系统，是专为各种搜索及拯救任务而设计的。它于 2013 年 7 月向公众亮相，展示了当时机器人在动力学方面的最新进展。它能够模仿人类的各种运动，包括跑步、跳跃、后空翻等高难度动作，体现了当前机器人技术的先进水平。2024 年 4 月，波士顿动力公司宣布，Atlas 即将结束其长达 11 年的服务生涯，之后将被电机驱动的人形机器人代替。

人形机器人
Atlas

宇树 G1 人形机器人

提到电机驱动的人形机器人，不得不提杭州宇树科技有限公司（以下简称“宇树”）于 2024 年 5 月 13 日发布的 G1 人形机器人。G1 人形机器人融合了先进的技术与精妙的设计，为我们展现出未来人机交互、智能协作的无限可能。

一、精巧构造，夯实智能根基

G1 人形机器人身高约 1.27 米，体重约 35 千克，“身材”小巧灵活。它的关节设计独特，整机采用中空关节走线，所有线缆隐匿其中，不见外置线缆的杂乱，既美观大方，又规避了线缆缠绕、磨损等故障风险，确保机器人在长时间、复杂动作下稳定运行。

宇树 G1 人形机器人

二、卓越性能，尽显科技优势

1. 强大感知力。G1 人形机器人的头部宛如智能“瞭望塔”，搭载 3D 激光雷达与深度相机，二者协同作业，为其赋予敏锐的“视觉”。在复杂环境里，它能迅速扫描周边，精准识别物体形状、位置及距离，犹如拥有“透视眼”，可灵活避开障碍，锁定目标，实现自主导航与精准操作。

2. 灵巧操作手。G1 人形机器人配备的力控灵巧手，结合力位混合控制技术，堪称一绝。这双手犹如技艺精湛的工匠之手，当抓握物品时，力度把控得恰到好处，既能稳稳提起重物，又能轻柔拿捏精细物件，像完成砸核桃这般需巧劲的事情，对它而言轻松自如，操作精细度直逼人类双手。

3. 高效散热与续航。局部风冷散热系统恰似给机器人安装了“降温小风扇”，运行中产生的热量被及时驱散，保障零部件

宇树 G1 人形机器人砸碎核桃

稳定运转。并且它还搭配了 9000 毫安时的 13 串锂电池进行供电，续航大约 2 小时，足以应对诸多日常及特定工作场景，持续高效输出“战斗力”。

4. 智能学习进化。G1 人形机器人内置 UniFoLM（宇树机器人统一大模型），如同拥有聪慧“大脑”，理解复杂指令、分析环境信息不在话下。凭借模仿与强化学习驱动能力，G1 人形机器人像一位勤奋的学生一般不断汲取经验，随着实践次数的增多，它的动作越来越精准，持续提升自身工作效能。

目前，宇树 G1 人形机器人不仅能应用于工业生产、教育教学、家庭服务、科研等领域，还能承担搬运、陪伴等多种任务。

请同学们分享各自心中的机器人形象，比较彼此之间的异同，并讨论这些形象的来源以及对大家产生的影响。同时，也请大家与家人一起讨论这个话题，了解他们的想法。

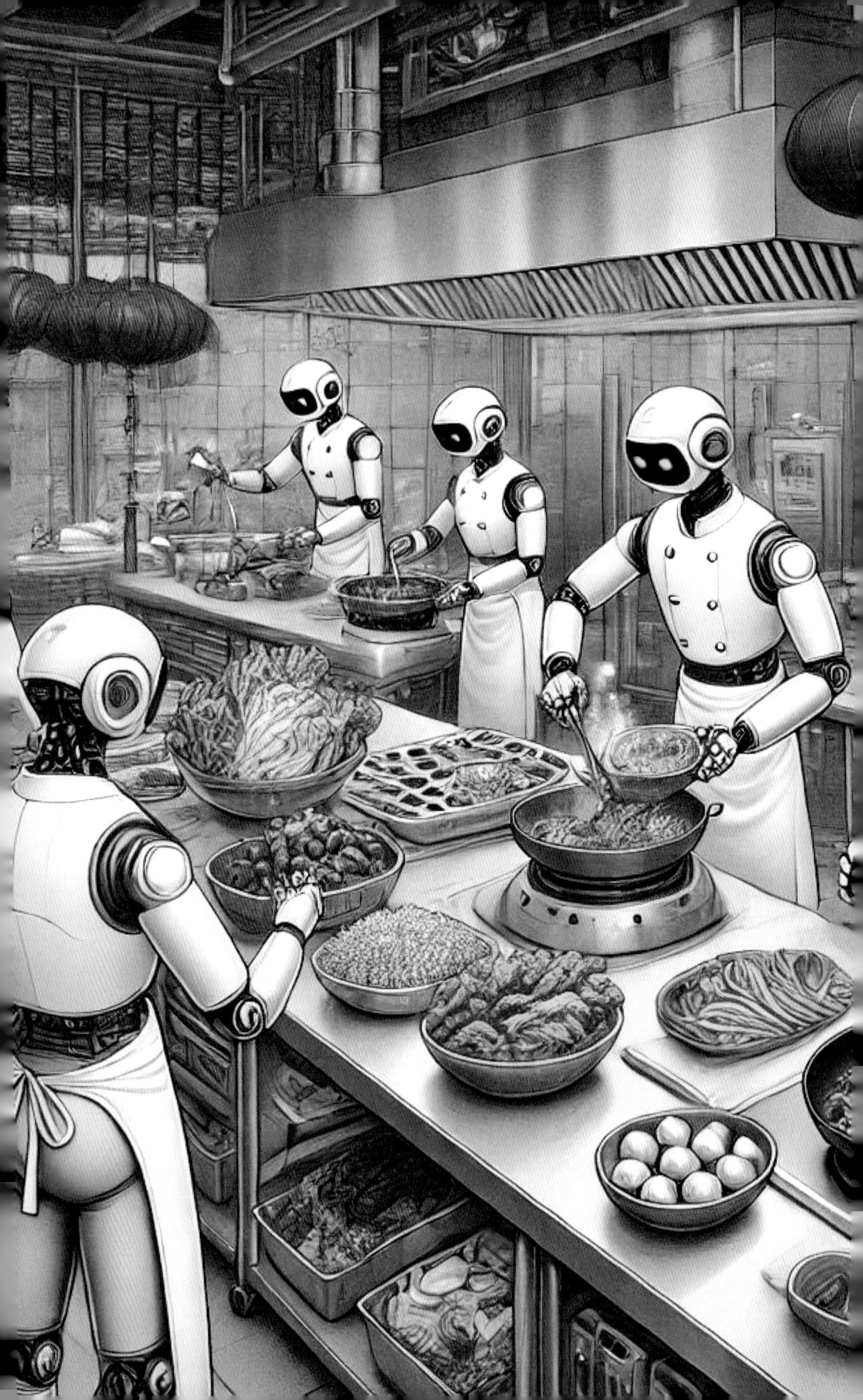

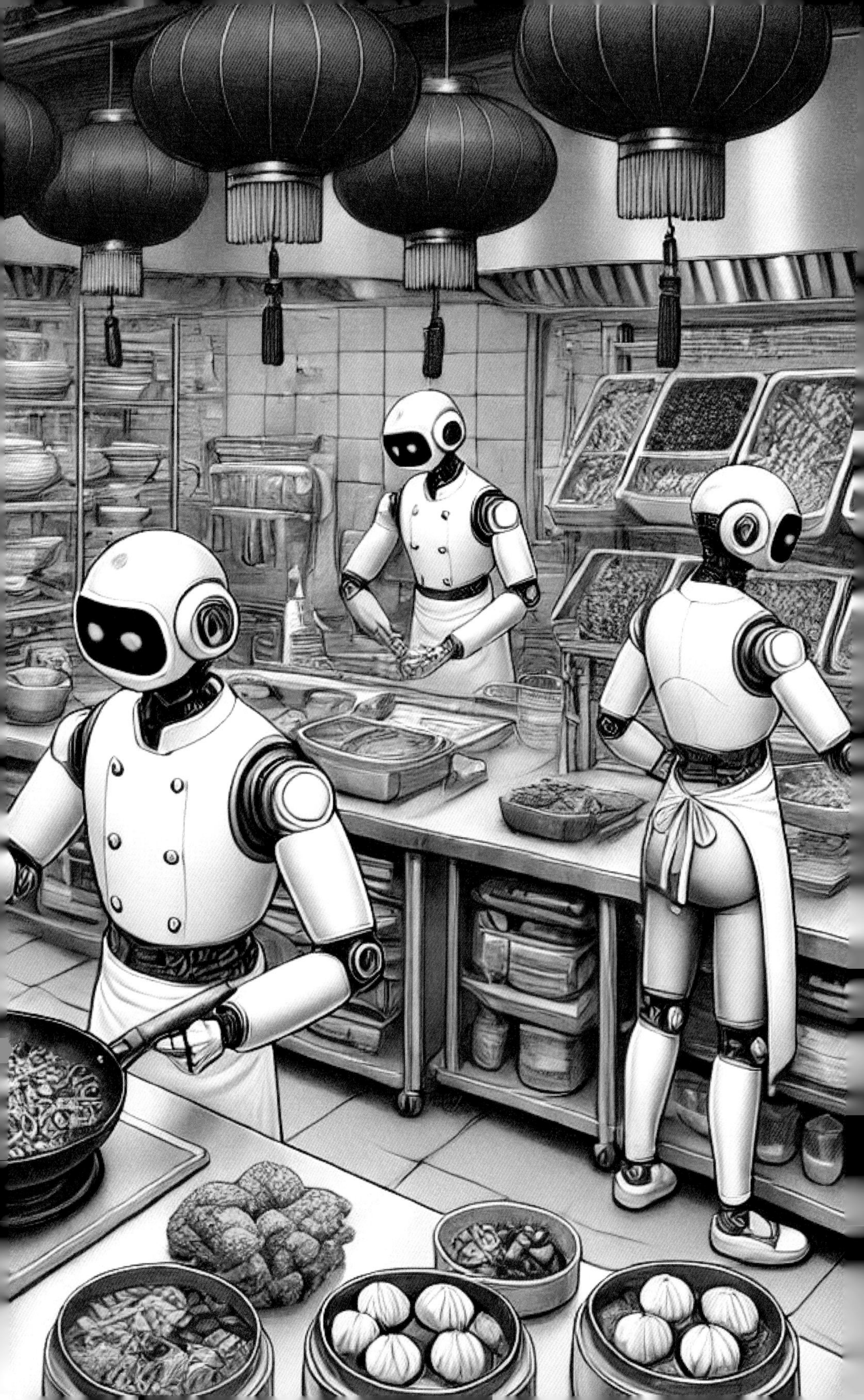

人类社会进入“机器人时代”

无论你是否准备好，人类社会已经步入了机器人时代。这一转变是随着人类社会的整体演进自然而然地发生的。回顾人类历史的发展进程，人类首先学会了使用木棍和石头，掌握了火的使用技术，随后发明了各种蒸汽机械，进而掌握了电力技术，近几十年人类掌握了信息技术，从而使人类社会进入了信息技术时代。

信息技术的发展历程可以说是一场波澜壮阔的演进过程，其间涌现出了多个重要的转折点。最早的一波浪潮，我们称之为“模拟信号时代”，它的代表产品是20世纪60年代至70年代风靡一时的电视机和录像机。这些设备都采用了连续的模拟信号技术。

时间推进到20世纪80年代，第一波数字化浪潮汹涌而至，其标志性产品是计算机，我们习惯称之为“电脑”。电脑的诞生不仅改变了世界，还催生了诸如微软这样的软件巨头、英特尔这样的CPU大厂，以及IBM这样的整机制造商，它们共同推动了整个行业的飞速发展。

信息技术的车轮滚滚向前，到了20世纪90年代，我们又迎来了第二波数字化浪潮。这一次，网络技术尤其是移动互联网技术成为主角。随时可以上网的智能手机，就像早期的电脑一样，迅速渗透到我们生活中的每一个角落，成为我们生活和学习中不可或缺的好帮手。

如今，我们已经跨入了 21 世纪的大门，这个时代正迎来新的技术浪潮，被称为“机器人时代”。

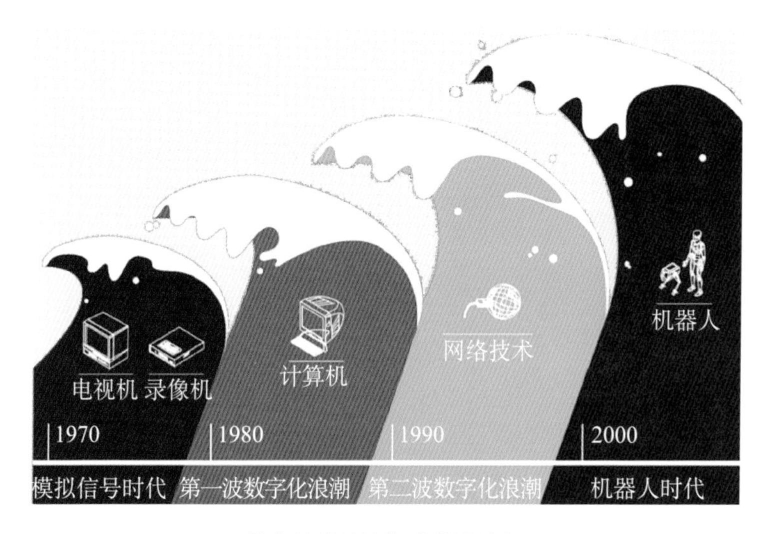

信息技术的浪潮式发展过程

除了学术界对此有共识，产业界亦持有相同的观点。微软创始人比尔·盖茨曾在 2007 年作出一项预测：未来 30 年，“个人机器人”的发展将会重演“个人计算机”的发展历程。他指出，我们无法预测未来机器人的具体形态，但它们会像计算机一样给人类社会带来天翻地覆的变革。下面，让我们一起回顾计算机的发展历程：

1946 年，世界上第一台通用计算机“ENIAC”在美国宾夕法尼亚大学诞生。它的体积庞大，占地 170 平方米，重达 30 吨，每秒钟可进行 5000 次运算。这个运算能力远不及现在的一部手机，所以“ENIAC”只能应用于一些国家主导的工程、科学或军事计算。如果有人在那时告诉你：“再过 30 年，你家里可以拥有这样一台设备，可以用它来完成各种任务！”你可能难以想象。然而，计算机技术的发展速度之快令人震惊！

世界上第一台通用计算机“ENIAC”

几十年后，计算机不仅进入了各行各业，而且逐渐发展成为我们工作、学习、生活中不可或缺的工具，这正是计算机技术带给人类社会的深刻变革。

比尔·盖茨的预言意在表达未来机器人技术也将带来类似计算机那样的重大变革。这个预言实际上反映了产业界的普遍看法，当前许多企业也都在积极布局机器人技术的开发和产品设计。

目前，世界上有多家著名企业在机器人研究与开发领域占据主导地位，其范围涵盖了从工业自动化到人形机器人等多个方面。下面，我们介绍其中有代表性的几家公司及其产品。

1. 波士顿动力公司

波士顿动力公司是机器人技术领域的领导者，以其开发的高动态能力机器人闻名。其代表产品除了我们前面介绍过的双足人形机器人 Atlas 外，还有机器狗 Spot 和搬运机器人 Stretch。Spot 被广泛应用于工业巡检和安全任务；Stretch 则是专为仓储自动化设计的机器人，旨在提高仓库的卸货效率。

2. 优必选

优必选是中国领先的机器人研发公司，专注于人形机器人和人工智能（Artificial Intelligence，AI）领域。其机器人产品涵盖教育、娱乐和家庭服务等多个领域，代表性产品包括 Alpha 系列教育机器人和 Walker 机器人。

机器狗 Spot

搬运机器人 Stretch

优必选的 Walker 机器人是目前世界上最先进的全尺寸人形机器人之一，它具备灵活的双足行走能力和复杂的交互功能。其 Alpha 系列机器人广泛应用于全球教育市场，推动科学、技术、工程和数学教育的发展。

目前，优必选计划进一步加强人工智能和机器人技术的结合，开发更智能的家庭和服务机器人，使其在智能家居、医疗辅助等领域得到广泛应用。

Walker 机器人打开汽水瓶的瓶盖

3. 华为

华为在机器人领域的研究主要集中于将 5G 技术与人工智能相结合，推动智能机器人的发展。其目标是通过高速网络连接提高机器人与环境的互动和实时反馈能力。华为的机器人应用广泛，从智能制造领域到服务领域都有涉足。

华为通过5G与人工智能技术的结合，促进工业机器人在智能制造中的广泛应用，帮助企业实现自动化和提高生产效率。华为致力于构建一个更加智能化的未来，开发具有高级感知和决策能力的机器人，使其能够在智慧城市、智能工厂和医疗领域中广泛应用。

4. 特斯拉

特斯拉近年来开始涉足机器人领域，推出了名为Optimus（中文译作“擎天柱”）的人形机器人。该机器人外观接近人类体型，搭载了特斯拉的Autopilot软件和神经网络技术，用以实现机器人的感知、导航和运动控制。Optimus能够行走、抬起重物、抓取和搬运物体。此外，它还配备了一个高效的电池系统，在设计上着重于续航能力，以确保其能够长时间工作。

目前，Optimus还处于持续研发中，但其未来潜力巨大，特斯拉计划通过其在电动汽车和人工智能领域的优势，推动机器人在生产制造中的应用，降低劳动力成本。特斯拉已计划将Optimus投入生产，并逐步应用于自家工厂，最终希望在人类日常生活中发挥作用，解决简单体力劳动问题。

5. 丰田

丰田不仅在汽车制造业是世界领先者，在机器人领域也有深入研究。丰田的机器人开发集中在辅助机器人和工业机器人领域，如Human Support Robot (HSR)，专为帮助行动不便的老年人和残疾人设计。

目前，HSR已经在医疗和家庭护理领域有初步应用，丰田还开发了多种工业机器人，提高其汽车生产线的自动化程度。

在过去的十多年中，机器人技术经历了哪些显著变化呢？在探讨这些技术进步之前，值得先行探讨的是，2017 年，沙特阿拉伯向一位名为“索菲亚”的高仿真机器人授予了公民身份。

首位具有公民身份的机器人“索菲亚”

这一具有划时代意义的事件预示着未来社会将是人类与机器人共存的社会，机器人将不再局限于工具的角色，而是拥有与人类相似的社会身份和权利。在工作、生活乃至家庭的方方面面，我们都可能见到机器人的身影。在未来，这些机器人为我们提供服务的同时，其广泛应用也可能带来一些新的挑战和问题需要我们去应对。

那么，如何解读人类社会进入“机器人时代”呢？从产业的角度看，这是一个朝阳产业，代表着创造巨大财富的新机遇。从学术的视角来看，机器人技术的快速发展已使其成为最具前景和活力的领域之一。特别是在中国，近些年来，许多顶尖大学纷纷建立了与机器人相关的专业、系别或学院，比如北京大学在2020年成立的先进制造与机器人系（在国内的高校中成立相对较晚）。机器人技术的进一步普及预示着社会生活将迎来根本性的变革。当然，这仅是一个基本的解读。有关更深层次的理解和洞察，期待着大家自己去探索和思考。

2012年，国内出现了基于智能手机的打车应用软件，这一变化使得人们不再需要在路边招手打车，仅需通过手机应用软件预约即可打上车。然而，对于很多老年人来说，由于他们既没有智能手机，也不会安装和使用打车软件，因此他们仍旧依赖传统的打车方式，结果是他们打车更难了。因为司机更倾向于通过手机应用软件接单，而非在街上随机寻找乘客。在整个城市中，运输车辆的资源是有限的，因此，当一部分人享受到新技术带来的便利时，另一部分人就会因为不懂得使用这些新技术而导致生活质量下降。

因此，我们必须意识到，进入“机器人时代”的影响并非只限于我们自身。它是全社会的转变，这要求我们不仅需要自己了解机器人等新技术，还需要向家人，尤其是长辈介绍这些新技术，避免他们“掉队”。

机器人已经无处不在

在当今社会，机器人技术的应用已经无处不在。

通常，新技术会被最先应用于军事领域。近几年，一些欧美国家在军事冲突中使用无人机进行攻击，这充分展示了机器人技术在军事上的广泛应用。

在工业领域，特别是汽车制造业，机器人的应用已经变得极其普遍。从焊接、装配到喷涂，机器人在各个制造环节中常常能够比人类工作得更加高效。

机器人被应用于汽车制造业

在农业领域，机器人技术应用得越来越广泛。比如，使用机器人进行插秧、除草和收割作业等。

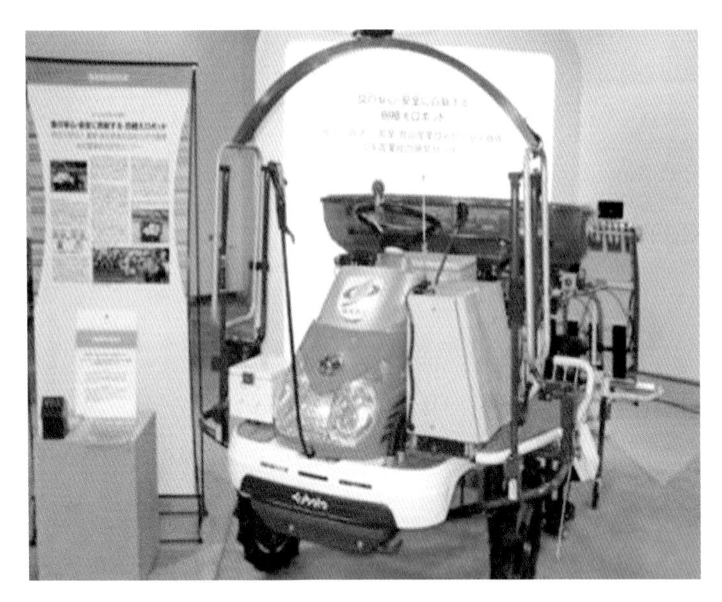

机器人被应用于农业领域

在医疗行业，机器人扮演着重要角色。例如，达·芬奇机器人辅助外科手术系统可以辅助医生进行精准的手术；此外，用于运送药物的机器人则在减少感染风险方面发挥着重要作用。

在家庭环境中，扫地机器人堪称当下家用服务机器人中最为成功的产品之一。除此之外，还有除草机器人、擦玻璃机器人，甚至还有具备烹饪能力的机器人。这些机器人不仅能够承担家务劳动，还能为老年人提供陪伴，为孩子们提供学习和娱乐的机会。这种陪伴型的机器人正在不断地发展壮大。

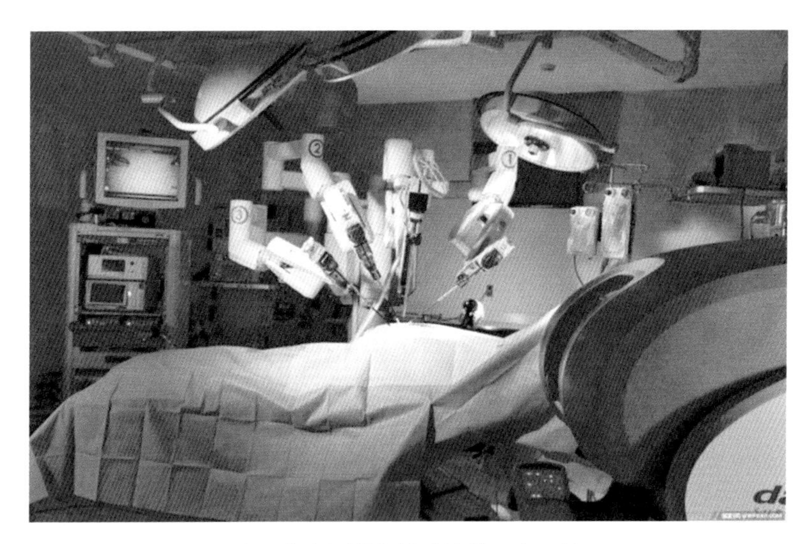

达·芬奇机器人辅助外科手术系统

扫地机器人

服务行业也逐渐融入了机器人技术。例如，日本有家机器人酒店，其接待和服务工作全部由机器人完成；我国的一些饭店和酒店也在使用机器人送餐。如今，在商场、银行及许多工作场所中，机器人的存在已经成为常态。在城市的街道上，我们甚至可以看到机器人负责交通指挥。

机器人服务员

在未来，机器人还可能取代部分教师的角色给学生上课。

机器人技术的广泛应用不仅展示了其在各个领域的发展潜力，也提示我们必须适应这一时代的变革，确保机器人技术的进步惠及社会的每一个成员。

机器人技术的“双刃剑”效应

机器人技术是一把“双刃剑”，给人类社会带来了前所未有的机遇与挑战，这种双面性十分显著。关键在于我们要学会合理地使用这项技术。

在军事领域，美国国会曾通过法案，计划在2015年之前，三分之一的地面战斗将使用机器人士兵。这一目标让全世界看到了机器人技术在军事领域的快速发展，在当时引发了广泛的讨论。

从积极方面看，机器人用于军事有很大作用。它们能在危险环境中执行任务，不会像人类士兵那样因长时间作战而感到疲劳或恐惧。因此，机器人士兵执行任务更果断，作战效率也更高。

然而，问题也随之而来，机器人在军事领域的应用产生了诸多伦理和法律问题。以无人机空袭为例，2012年1月至2013年8月，美国在巴基斯坦北瓦济里斯坦特区进行了45次空袭，大部分使用无人机。这些空袭造成大量人员伤亡，其中包括许多平民。这一事件在国际上引起了广泛质疑和批评。因为无人机是远程操控，操作人员对攻击后果感知较弱，可能随意作出攻击决策。而且，操作人员区分军事目标和平民目标的难度很大，容易导致无人机伤害无辜。

其实，不只是军事领域，其他应用机器人技术的领域也会产生类似的“双刃剑”效应。在工业生产中，机器人能快速、精准地完成重复性工作，提高生产效率和产品质量，但也可能导致大量工人失业。在医疗领域，机器人辅助手术能提高手术精准度，但如果出现技术故障，就可能危及患者生命。

因此，我们在使用机器人技术时，要全面考虑其可能带来的各种影响，保持谨慎态度。要制定完善的法律法规和伦理准则，最大程度发挥其优势，规避其劣势。

CAUTION

上天入海的机器人

从物理空间的角度来看，机器人技术的应用已遍及地面、海洋、空中乃至太空。例如，北京市高级别自动驾驶示范区工作办公室正式宣布，在北京开放智能网联乘用车“车内无人”（即“无人驾驶出租车”）商业化试点，展示了机器人技术在陆地交通领域的应用。而无人机作为空中机器人的代表，已广泛应用于农业监测、影视制作等多个领域。

无人驾驶出租车

我国首辆无人驾驶出租车（网约车）由文远知行（WeRide）于2019年11月在广州上线，成为我国首个公开运营的无人驾驶出租车服务。紧随其后，百度的Apollo Go（中文名“萝卜快跑”）于2020年在北京启动测试，并迅速扩展到多个城市。

无人驾驶出租车是一种利用自动驾驶技术运行的出租车服务，无须人工驾驶员参与，能够自主完成从接载乘客到行驶至指定地点的整个过程。这项技术通过结合传感器、摄像头、雷达和人工智能算法，使车辆能够感知周围环境并作出相应的驾驶决策。

无人驾驶出租车

那么，无人驾驶出租车具体是如何做到安全、准确地把客人送达目的地的呢？

1. 传感与感知

无人驾驶出租车通过一系列传感器，如激光雷达、摄像头等设备实时收集周围的道路信息。这些信息通过人工智能算法进行处理，生成车辆所需的驾驶环境模型，帮助车辆判断行人、交通信号、障碍物等。

2. 决策与控制

通过人工智能算法和决策引擎，车辆可以实时评估周围的环境，并自主作出决策，例如，如何规避障碍物、如何遵守交通规则行驶等。这类系统通常依赖深度学习模型和路径规划算法来确保安全和高效驾驶。

3. 通信技术

无人驾驶出租车依赖5G等高速网络进行车与车、车与基础设施的通信，保证车辆与外部的协调性。5G技术能够极大地提升无人车的数据传输效率，确保车辆能够实时接收并处理远程服务器传来的指令。

尽管无人驾驶出租车有巨大的潜力，但其也面临着许多挑战，包括法律法规的完善、公众对自动驾驶技术的信任，以及复杂路况下的安全性问题，等等。随着技术的进一步成熟和政策的推进，无人驾驶出租车有望在全球范围内实现更广泛的应用。

在太空领域，中国的空间站搭载了自主研发的太空机器人，为空间站执行外舱服务等任务。此外，虽然只有少数人登陆过月球，但机器人探测器，如中国的“玉兔号”月球车，已成功探索了月球背面。更远的火星探索任务也已由机器人先驱率先完成，如中国的“祝融号”火星车，向人类传递回了火星表面的照片。

“祝融号”火星车

机器人技术的应用不止步于此，它们不仅能在水下执行任务，还能适应南极、北极等极端恶劣的环境。在南极和北极，机器人不仅支持科学考察，还协助旅行者探险、运输物资、收集海洋数据等，显示出机器人技术在探索未知领域中的巨大潜力。这些事例表明，随着技术的发展，机器人技术将在更多领域发挥关键作用，为人类社会带来更广泛的影响。

南极科考地面机器人

与人体紧密接触的机器人

在探索机器人技术的广泛应用的领域，一个特别引人注目的方向是机器人与人体的紧密接触。这一领域的发展不仅展示了机器人的多样化应用，还凸显了科技在提升人类生活质量方面的巨大潜力。

首先，可穿戴外骨骼机器人为那些体力较弱的人或肢体失能的人提供了强大的支持。这些机器人能够赋予用户超越常人的力量，或是帮助那些无法独立站立或者行走的人重新获得这些能力。此外，智能假肢已成为残障人士的重要辅助工具，使他们得以重获失去的肢体功能，恢复日常生活的自主性。例如，有些先进的假肢能够帮助患者恢复手部功能，让他们重新从事日常活动。

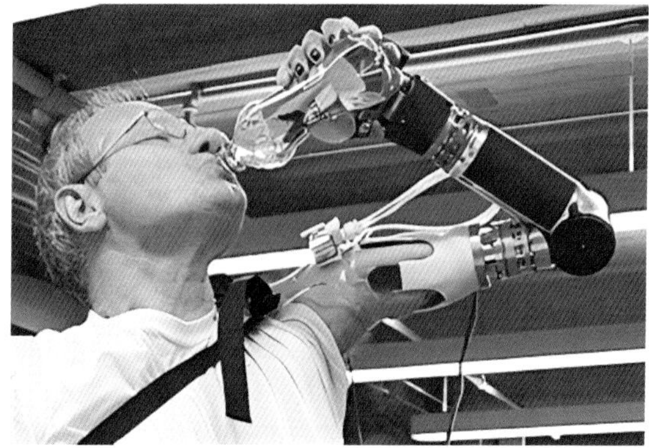

外骨骼与智能假肢

在 2014 年巴西世界杯期间，一个感人至深的场景展现了这一技术的人文关怀：一位自幼瘫痪的巴西青年借助外骨骼机器人得以站立，成为开球嘉宾。这款脑控外骨骼机器人由巴西科学家专门为这位青年量身打造。这位青年佩戴了特制的头盔和背包装置。头盔内装有电极，能够接收大脑发出的信号。这些信号随后被传输到背包内的一台小型计算机中。背包内的计算机将接收到的大脑信号进行解码和转换，生成数字化的行动指令。这些指令用于控制外骨骼的运动。这一创新之举，不但彰显了科技的不断进步，而且向全球展现了科技对于人类福祉所产生的积极作用。

在 2014 年巴西世界杯上开球的瘫痪青年

在机器人技术与人体互动的探索进程里，我们还迈出了更具意义的一步。大家或许都熟悉《西游记》中孙悟空缩小身形进入铁扇公主的肚子里的情节，如今，这一幻想正逐步走向现实——科学家们已成功研发出了胶囊机器人。这类微型机器人设计得足够小巧，能够被患者轻松吞服，随后在其胃肠道中移动。它们如同医生的微型之眼，能够帮助医生从患者身体内部诊断病情，极大地提升了医疗检查的安全性与便利性。

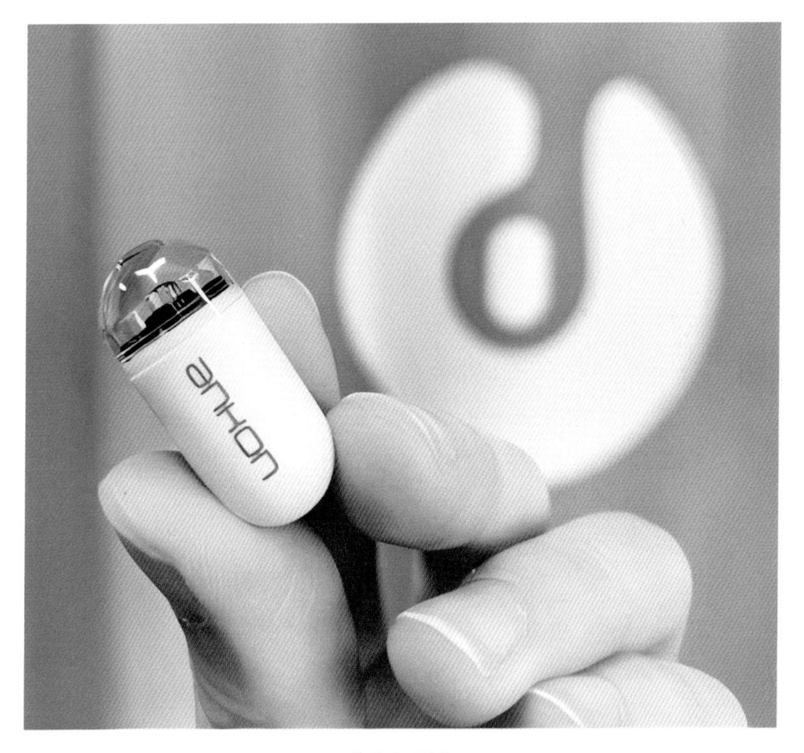

胶囊机器人

此外，更小尺寸的微纳机器人甚至能够进入人体的血管中，执行更为精细的诊断和治疗任务，如精准施放药物。微纳机器人可进入人体的局部毛细血管，展现了机器人技术在医疗领域的深度应用，不仅为当前的诊疗提供了更安全、有效的方法，也为未来人类健康的保障和寿命的提升带来了新的可能。

这些进展让我们看到了科技与医疗相结合的巨大潜力，为未来的医疗创新和人类健康带来了光明的前景。

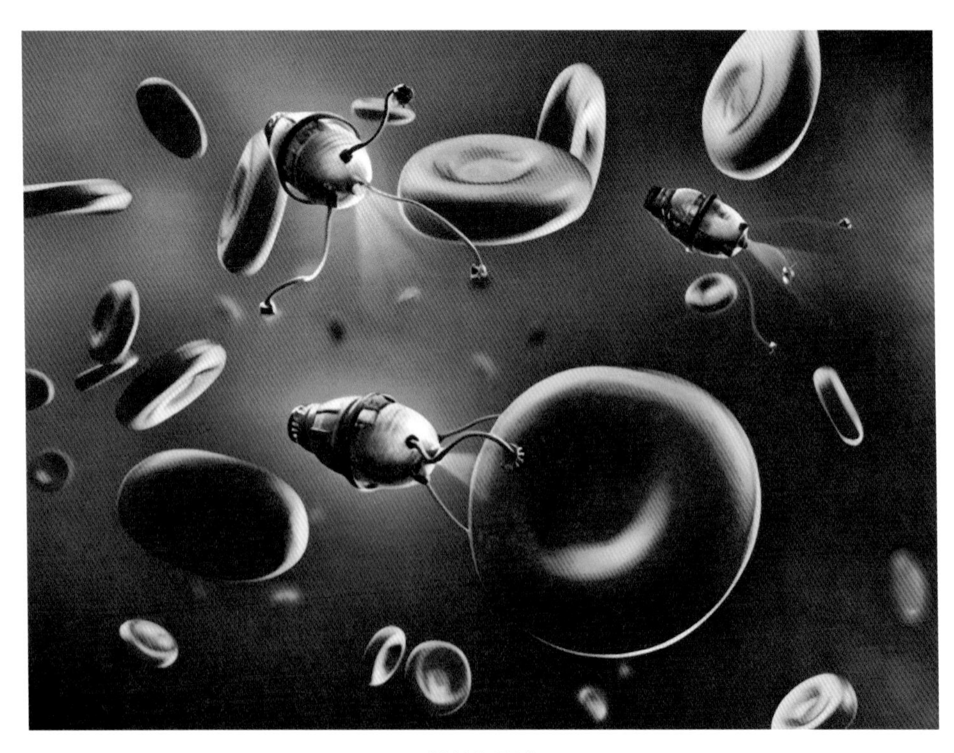

微纳机器人

机器人的神奇世界

想象一下，在一个世界中，机器人不仅可以承担人类的各种体力工作，甚至开始大显身手，承担起脑力劳动。这不是科幻小说，而是现实中正在发生的事！

记得那场轰动一时的世界围棋冠军李世石对战谷歌人工智能围棋程序 AlphaGo 的比赛吗？它的成功彻底颠覆了“机器不及人类智慧”的旧观念。2016 年，AlphaGo 以其惊人的计算力和深度学习技术，击败了曾经多次获得围棋世界冠军的李世石，让世界瞠目结舌。这件事告诉我们，机器人不仅能模仿人的思维方式，甚至能超越人类，达到令人难以置信的智慧高度。如今，围棋高手们不只是与人切磋，更是向机器人学习，机器人成了他们的超级导师。

AlphaGo 为什么这么厉害?

AlphaGo（中文译作“阿尔法围棋”）是由谷歌旗下的 DeepMind 公司开发的一款人工智能围棋程序。AlphaGo 于 2015 年首次引起广泛关注，成为第一个在正式比赛中击败专业围棋选手的人工智能程序。AlphaGo 结合了深度神经网络与蒙特卡洛树搜索算法，通过学习数以百万计的人类对局以及与自

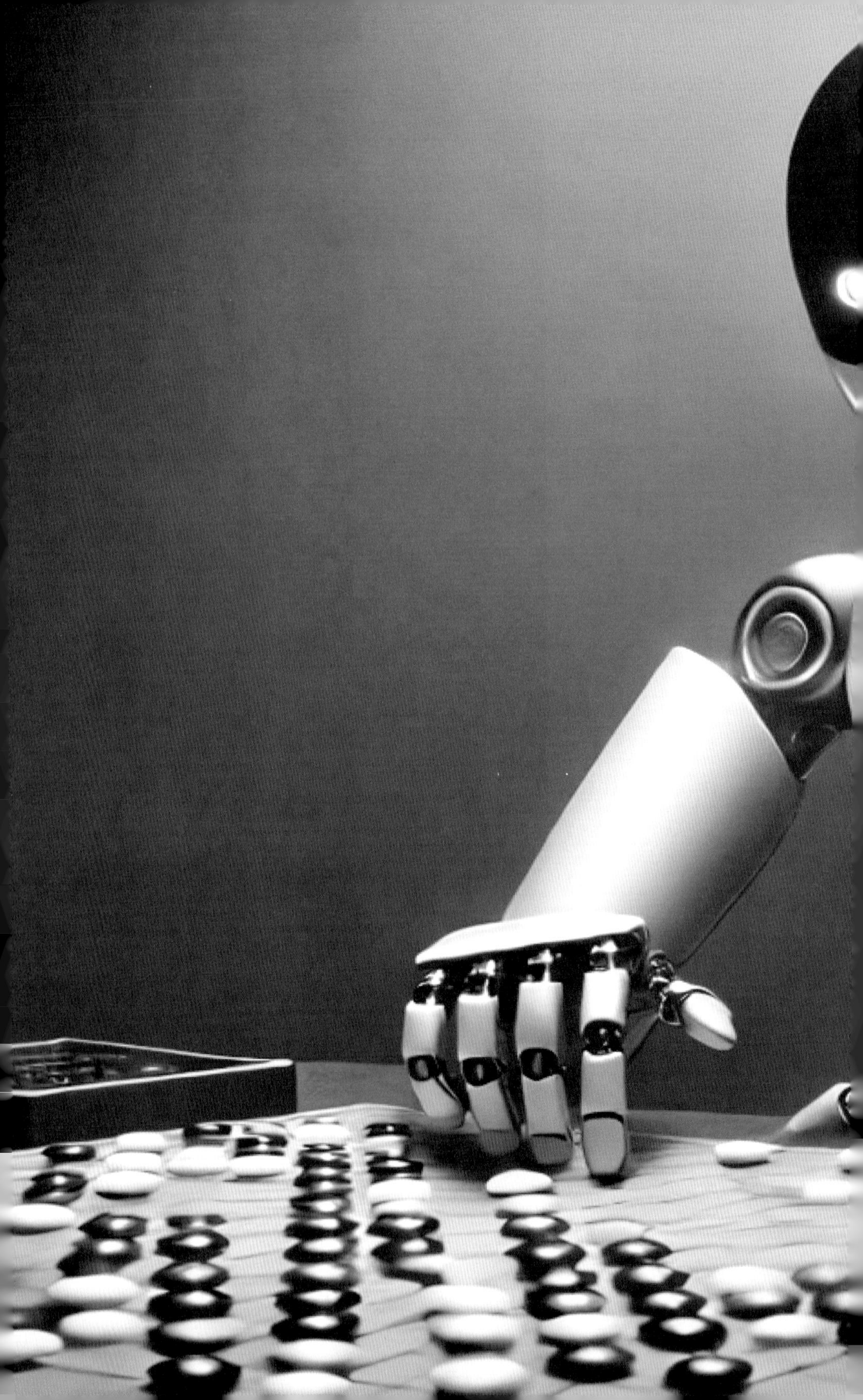

己对弈，不断提升自身围棋水平。

AlphaGo 在 2016 年以 4∶1 击败了围棋世界冠军李世石，这一成就标志着人工智能在复杂博弈领域的一大突破。在 2017 年，AlphaGo 进一步战胜了当时排名世界第一的围棋选手柯洁，随后 DeepMind 公司宣布 AlphaGo 退役，并专注于更广泛的人工智能研究。

AlphaGo 的核心技术是深度学习和增强学习。它使用两个深度神经网络：策略网络和价值网络。策略网络预测每一步的最优走法，而价值网络则评估当前局面的胜负可能性。这些技术使得 AlphaGo 可以在极其复杂的围棋局面中找到最佳策略。AlphaGo 的成功不仅在围棋界引起了轰动，也在科技界掀起了人工智能技术研究的热潮，它的技术原理后来也被广泛应用于其他领域。

不止如此，机器人还拥有艺术家般的灵魂！长久以来，我们都认为只有人类才能进行艺术创作，但现代机器人的艺术创作能力让人刮目相看。比如，某款机器人诗人，它能够撰写诗歌，而且做得相当不错。在一次对比实验中，人们很难分辨出哪些诗歌是由古代诗人所写，哪些是机器人的作品。即使是专家，也不能总是准确判断。这说明机器人在艺术创作方面的潜力是巨大的。

下图展示的两首诗，左侧的诗是由机器人创作的，右侧的诗出自宋代诗人葛绍体之手。倘若你难以准确分辨，也不必懊恼，因为即便是专家，他们也无法做到百分之百的正确判断。当普通人进行鉴别时，正确率大约为 50%，而专家的准确度也只能达到 80% 左右。这一现象深刻揭示了现代机器人在艺术创作领域内所展现出的强大潜力与实力。

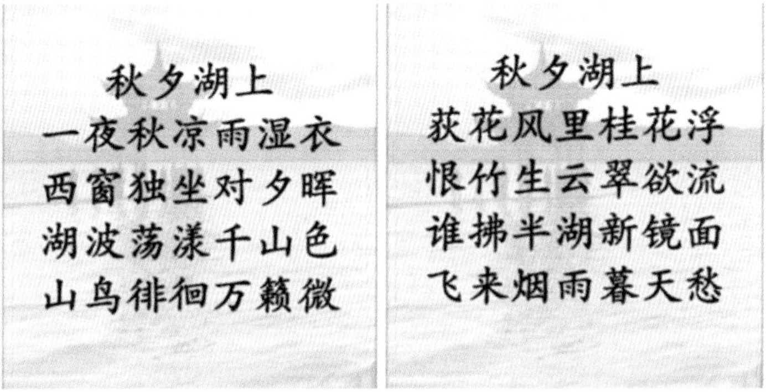

秋夕湖上
一夜秋凉雨湿衣
西窗独坐对夕晖
湖波荡漾千山色
山鸟徘徊万籁微

秋夕湖上
荻花风里桂花浮
恨竹生云翠欲流
谁拂半湖新镜面
飞来烟雨暮天愁

机器人与人类诗歌作品对比

机器人不仅在诗歌创作上有所建树，它们还能涉足绘画领域。想让机器人以凡·高的风格重新创造你的照片吗？没问题！或者，你是否想过将一段录像从明亮的日间场景转变为神秘的夜间场景？机器人同样能够轻松应对。更为神奇的是，机器人还拥有改变视频中人物表情的能力，使他们呈现出喜怒哀乐等各种神态。

因此，在这个机器人技术日新月异的时代，当我们面对某些看似“不可思议”的场景时，别着急相信你的眼睛。传统的“眼见为实”的观念在很多时候已经不再适用，我们可能需要用

“眼见不一定为实”来时刻提醒自己。随着机器人技术的不断进步，它们将在更多的领域展现出惊人的创造力和实用性，为我们带来前所未有的视觉和感官体验。

此外，值得一提的是，机器人之所以能够进行艺术创作，离不开先进的算法和大数据的支持。它们通过学习大量的艺术作品和风格特征，能够模拟出人类艺术家的创作过程，并生成具有独特风格的艺术作品。这一技术的发展不仅为艺术创作带来了新的可能性，也为人工智能的广泛应用开辟了新的领域。未来，随着技术的不断成熟和完善，我们有望看到更多由机器人创作的艺术作品，它们将以其独特的魅力和创意，为我们的生活增添更多的色彩和乐趣。

图像风格迁移算法

图像风格迁移算法是一种在计算机视觉和图像处理领域应用的技术。

简单来说，它能够将一幅图像（称为“内容图像”）的主要内容与另一幅图像（称为“风格图像”）的独特风格进行融合，从而生成一幅新的具有独特风格的图像。

例如，我们可以把一张普通的风景照片（内容图像）与一幅凡·高的油画（风格图像）通过这种算法进行处理，最终得到一张具有凡·高绘画风格的风景图片。

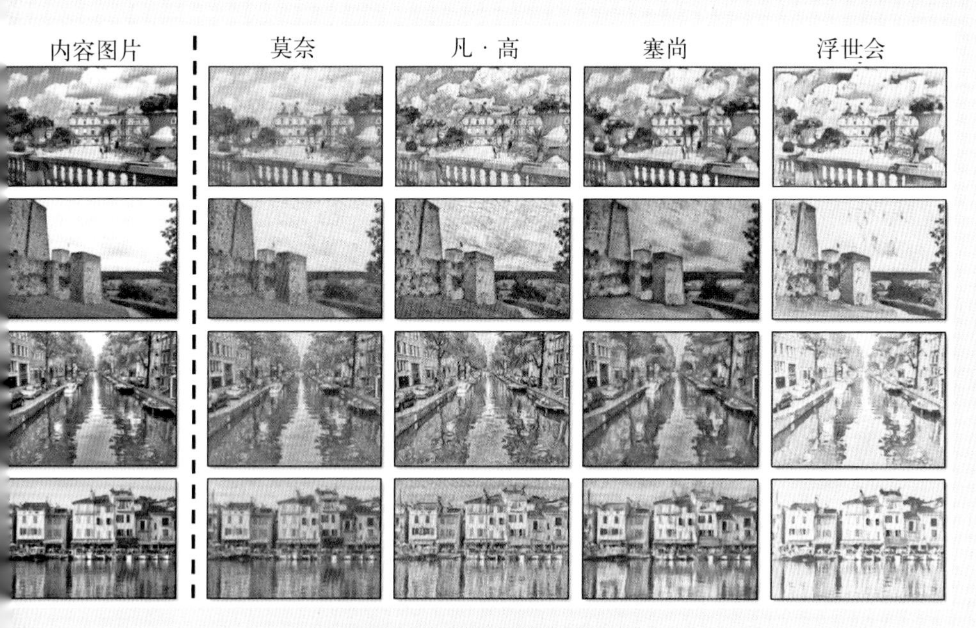

图像风格迁移算法的应用

这种算法基于深度学习技术，能够分析内容图像的结构和物体布局，同时学习风格图像的色彩、笔触、纹理等特征，并尝试将风格特征应用到内容图像上。

图像风格迁移算法在艺术创作、影视特效、设计等领域都有着广泛的应用，为人们带来了全新的创意和表现方式。比如在电影中，通过这种算法可以快速地为特定场景生成具有特定艺术风格的画面效果。

机器人在抢占各种工作机会

在今天的工作领域，机器人不仅仅是一个辅助工具，它们还开始担任起越来越多的角色，从法律顾问到财务分析师，甚至是电商平台的后台设计师。比如，机器人律师不仅能够分析复杂的法律案件，还能在某些方面胜过顶尖法学院的毕业生。而在理财领域，机器人可以帮助我们管理烦琐的财务事务，让我们的生活更加轻松。不仅如此，想象一下当你在网上购物时，背后可能是机器人在努力工作，为你推荐你可能喜欢的商品。这些都是机器人在电子商务中的实际应用。

在这个机器人时代，我们正处于一场悄然进行的社会变革之中，即所谓的“机器换人”。有学者对未来机器人技术发展进行评估，预测到 2061 年，机器人将能够完成所有人类工作。虽然这听起来可能让人既兴奋又担忧，但它也是机器人技术发展带来的现实挑战。

这场机器人技术革命引起了各国政府的高度关注。美国已经制定了机器人发展的路线图，欧盟启动了民用机器人计划，亚洲国家如日本和韩国也将机器人发展作为重要战略之一。中国也非常重视机器人产业的发展，将其定位为国家战略的一部分。

无论我们将来从事何种专业，都需要意识到机器人技术的重要性。如果不了解机器人技术，可能会导致我们未来能够掌握的工作机会减少。因此，我们应该积极学习和了解机器人技术，以适应这个日新月异的时代。

思考探索

现在轮到你了！选择一个你感兴趣的行业或领域，探索机器人技术在其中的应用。通过查阅文献、上网搜索等方式，了解这些技术如何在你选定的行业或领域中发挥作用，并了解它们的基本原理。

整理你的发现，准备一份报告，并在小组中分享你的探索成果。这不仅是一个了解机器人技术的好机会，也是提升你研究和表达能力的绝佳练习。

第二讲

仿生机器人

⁝⁝ 什么是机器人?

“机器人”这个词似乎在我们的日常生活中随处可见。但是，你真的了解机器人到底是什么吗？如果你好奇，可能像侦探一样上网搜索，希望找到答案。有趣的是，你会发现每个网站对机器人的定义似乎都有自己的解释。这并不奇怪，因为机器人是一个持续发展的领域，到现在为止还没有一个铁板钉钉的定义。

为了让大家更容易理解，我们可以从两个角度来看看机器人是什么。

第一种是“广义的机器人”，它指的是能够自动完成特定任务或功能的人造设备。而另一种则是我们现在大学和产业界正在积极研发的“狭义的机器人”，它是一种集材料学、机械工程、电子学、控制理论、计算机科学和人工智能等多学科技术于一身的高级自动机器。这种机器人不仅复杂而且功能先进，有望在未来替人类担负起各种工作。

但需要强调的是，这里有一个误解，就是人们常常把机器人的重点放在“人”上，而实际上，它的重点应该是在“机器”上。换句话说，机器人不需要长得像人或动物，只要能完成人们交给的任务，就能被称为机器人。所以，当你在网上探索机器人时，你会看到形形色色的设计形象，有的机器人可能看起来像是来自另一个星球。

延伸阅读

“机器人”一词的起源

你知道“机器人”这个词是怎么来的吗？

这个词最早出现在一个捷克斯洛伐克的舞台剧中，由剧作家卡雷尔·恰佩克首次使用。不过，真正创造这个词的人其实是他的哥哥，一位画家兼雕刻家，名叫约瑟夫·恰佩克。

《罗素姆万能机器人》的海报

1920 年，卡雷尔创作了一部科幻剧本，讲述了一位名叫罗素姆的科学家发明的自动机器导致人类失去生育能力，并最终引发人类与机器之间斗争的故事。当时，卡雷尔兴奋地将他的想法告诉正在创作油画的哥哥，询问如何形容这些机器，哥哥便建议称其为“机器人”（robot）。

最终，这部科幻剧的名字叫作《罗素姆万能机器人》。

之后，“机器人”逐渐成为世界通用的术语。

机器人的“三驾马车”

机器人主要由三大系统组成：感知系统、执行系统和决策系统。

感知系统就像是机器人的感官，帮助它在环境中“看到”和“感觉到”周围的事物。执行系统则赋予机器人在空间中移动和操作的能力，仿佛是机器人的手和脚。而决策系统连接感知系统与执行系统，充当了机器人的“大脑”，负责作出判断和决策。这三个部分共同构成了机器人的核心。

随着技术的进步，未来我们可能会看到机器人和人类的界限越来越模糊，人机交互将变得尤为重要。研究不仅仅集中在机器人或人类各自的行为上，而是更多地探索如何让人类和机器人更好地合作完成任务，实现互补。这是一个激动人心的方向，许多科学家和工程师正在这个领域努力探索和工作，希望为我们共同的未来开辟新的可能性。

机器人与人工智能的关系

在今天的数字时代，“机器人”和“人工智能”这两个词几乎成了我们日常聊天中的热门话题。但是，你真的了解它们之间的关系吗？

首先，让我们分辨清楚什么是人工智能。用最简单的话来说，人工智能就是让机器表现出来的智慧。想象一下，科学家们让机器代替我们做决策，甚至帮助我们完成老师布置的作业或解决复杂的数学问题。随着技术的飞速发展，现代的人工智能能够识别图片、理解我们说的话，甚至能根据文字创造出图片和视频。而无人驾驶汽车和智慧医疗只是人工智能技术广泛应用的冰山一角。研究人工智能的学者们将智能机器人看作其一个子研究方向，而研究机器人的学者们把人工智能视作发展机器人智能的重要手段。

那么，机器人又是怎样一回事呢？

上面我们介绍了，机器人的核心系统包括感知系统、执行系统和决策系统。这三个系统如同机器人的“感官”“四肢”与“大脑”，相互协作。想象一下，随着摄像头技术的进步，机器人可以看到更清晰、更远、更细致的景象，比如在复杂的环境中精准识别物体。电机技术的提升又赋予了机器人强大的动力，它可以轻松搬运重物、快速移动。而人工智能的发展让机器人的大脑——它的决策系统变得更加高效，智能性越高，机器人就越聪明，它能像人类一样分析情况、作出合理判断。因此，人工智能和机器人的发展是相辅相成的。人工智能主要专注处理信息世界的由 0 和 1 组成的数据，如同幕后的智慧军师；而机器人还要注重于物理世界的感知和操作，二者结合形成了“智能机器人”这个极具潜力的发展方向，为我们的生活和工作带来无限可能。

人工智能的应用

目前，人工智能的发展涵盖多个领域：

1. 生成式人工智能

生成式人工智能工具，如百度的文心一言、字节跳动的豆包、OpenAI 的 ChatGPT、谷歌的 Bard 等，能够生成自然语言文本、图像、音乐，甚至代码。这些技术不仅提升了创意产业的工作效率，还广泛应用于内容生成、设计和交互领域。

2. 人工智能驱动的医疗技术

人工智能在医学影像诊断、疾病预测和个性化治疗中的应用取得了显著进展。深度学习算法被用于分析医学影像以识别疾病，如癌症、心脏病等。例如，谷歌的 DeepMind 团队在 2023 年通过其 AlphaFold 系统实现了对几乎所有已知蛋白质结构的预测，大大推动了生物学和药物发现领域的研究。而 DeepMind 团队也因此荣获 2024 年诺贝尔化学奖。

3. 自动驾驶

自动驾驶技术在近几年有了显著进步，尤其是在人工智能感知和决策能力方面。国内企业如百度、华为、小鹏、比亚迪，以及国外企业特斯拉、谷歌等都在推进完全自动驾驶汽车的部署。

4. 人工智能与气候变化

人工智能在气候变化预测、能源管理和环境保护领域的应用也逐渐显现。许多科技巨头公司利用人工智能技术优化能源消耗，减少碳足迹。

人工智能正在逐渐改变全球经济和社会的运行方式。

古代机器人：技术奇观的早期探索

尽管我们今天所理解的机器人是充满现代科技的产物，是高度集成机械、电子、计算机等多领域技术的结晶，但是你知道吗？古代的世界里其实也闪耀着机器人的身影。那时候的机器人虽然与现代的机器人在复杂程度、工作原理等方面有所不同，但人们探索自动化和智能化的梦想从未停止过。

古希腊哲学大师亚里士多德就幻想过机器人的存在。他认为，如果机器人能够帮助人类完成各种任务，那么奴隶制度可能会消失。比如，机器人可以代替人类进行繁重的体力劳动，像搬运巨石、修建建筑等。在一些古代传说故事中，曾出现过类似三足机器战士手持武器参与战争的想象内容，如同现代科幻电影中展现的战斗机器人。

跨越到中国，我们的祖先也不甘落后。传说木匠鼻祖鲁班发明了一种名为“木鹊”的机械鸟，它能够在空中飞行三天。虽然从现在的分析来看，这个“木鹊”可能更像风筝，但这种记载反映了人们对机器人的想象和探索。就像达·芬奇曾设计过飞行器草图，也是对未知科技的大胆尝试。

在《列子·汤问》中也记载了一个“伶人”，它能够载歌载舞，在当时还引起了周穆王妃子的嫉妒。而三国时期诸葛亮发明的“木牛流马”更是古代机器人的典型代表，它能够自动运送粮食，这可能是最早的物流自动化示例了，就像现代的无人驾驶汽车一样。这些古代机器人证明了人类早在古代就开始探索和追求自动化劳动的可能性。在古巴比伦文明中出现的水钟，被认为是最古老的机器人。它通过水的恒速流动来计时，展现了人类最早的自动化智慧。

木牛流马

木牛流马是三国时期蜀汉丞相诸葛亮发明的运输工具，分为木牛与流马两个部分。

据史书记载，木牛流马在蜀汉建兴九年至十二年（231—234）诸葛亮北伐时被使用，其载重量为“一岁粮”，大约400斤，每日行程为“特行者数十里，群行二十里”，为蜀汉10万大军运送粮食。

然而，木牛流马的具体设计早已失传，其确切的样貌和工作原理只能通过后人的研究和推测来想象。目前，有多种关于木牛流马的解释和复原尝试，其中一种观点认为“木牛”是一种带有货箱的人力步行单轮木板车。它有一个水平木条，左端削成车把形状，右端有品字形的三个孔，两条这样的木条构成车的左右两辕。在“品”字形顶孔间插有一根轴，下面的两个孔中各装着可以摆动并且一端顶地的木柱，从而形成四条

“腿”。在使用时，通过操作使车辕把手移动，改变重心，让木柱交替着地，实现车辆的移动。而“流马”则被认为是一个向上开口、左右侧壁近上缘有孔的木箱，木牛的轴穿过流马的孔，使流马可在轴上前后晃动。为防止货物移动，箱内有纵向隔板，且粮食先装布袋再入箱。

尽管存在多种解释和复原尝试，但都无法完全确定哪一种就是历史上真正的木牛流马。诸葛亮发明的木牛流马在当时的战争环境中，对于解决粮草运输问题起到了重要作用，也体现了他的智慧和创造力。

当代人对木牛流马的一种猜想性复原

知识链接

古巴比伦文明中出现的水钟

古巴比伦的水钟是一种古老的计时工具。大约在公元前16世纪，古巴比伦人就已经开始使用水钟来测量时间。

1. 工作原理

水钟通过水的流动来测量时间，有泄水型和受水型两种。泄水型水钟是在容器中装满水，让水慢慢流出，容器上有刻度，通过观察水位下降到不同的刻度间来判断时间过去了多久；受水型水钟则是让水流入一个有刻度的容器，根据水位上升的情况来计时。

2. 构造特点

水钟通常由一个或多个容器组成，容器之间可能通过管道或小孔相连，以控制水的流动。为了保证水的流动速度相对稳定，古巴比伦人可能在容器的设计和制作上花费了不少心思，比如采用特殊的形状或材质。

3. 重要意义

水钟的出现反映了古巴比伦人对时间的重视和对科学技术的探索。它不仅在古巴比伦的日常生活中起到了重要的计时作用，而且对后来其他文明的计时技术发展产生了深远的影响。例如，古希腊、古罗马以及古代中国的计时工具都在一定程度上受到了古巴比伦水钟的启发。

由于年代久远，关于古巴比伦水钟的具体信息大多是通过考古发现和历史文献的记载来推测的，但它无疑是人类计时技术发展史上的一个重要里程碑。

在 8 世纪至 13 世纪，科学和技术达到了顶峰，学者们创造出了指示时间的自动钟表、会表演的机械乐队等，展现了机械艺术的非凡魅力。

之后，法国的发明家沃康松甚至创造了一只自动机械鸭，它能模仿真鸭子的吃食和排泄行为，成为模仿生物行为的艺术品。

而 18 世纪末奥地利的肯佩伦声称他制造了一个能下棋的机器人——土耳其行棋傀儡，并通过公开表演来吸引观众。这一事件在当时引起了轰动，但后来却被揭露为一个骗局：机器人内部实际藏有一个高水平的棋手，通过透光方式来观察棋盘。虽然这一事件在当时对机器人风评产生了负面的影响，但也间接促进了英国工业革命的爆发。工程师们受到机器人下棋的启发，开始思考如何利用机器进行简单的工作。这些装置催生了现代织布机等一系列革命性的发明，推动了人类社会进入了新的发展阶段。

这些古代的机器人故事，不仅证明了人类自古就对技术进步抱有无限的好奇和追求，而且也启示我们：技术的探索和创新从未停止过。从古代的自动机械到现代的智能机器人，人类的创造力和探索精神一直在推动着我们前进，向着更加智能化、自动化的未来进发。

发明家沃康松

在我国古代，涌现了许多杰出的发明家，比如蔡伦、张恒、鲁班、沈括等，而在异国他乡，法国同样有一位不可忽视的发明家，他就是雅克·沃康松。

雅克·沃康松（1709—1782）是18世纪法国著名的发明家，他出生在法国一个手套工匠家庭。尽管家境并不富裕，他却从小展现出了与众不同的天赋。后来，他开创了人类历史上第一个基于生理学方法的人形自动机“黄金时代”，这一时代从18世纪中期开始到19世纪中期结束，延续了整整一个世纪。以下是他最具有代表性的几项发明创造：

雅克·沃康松

1. 自动吹笛人

沃康松在 1737 年展示了这个仿真人形机械，它能够自动吹奏真实的长笛。这个自动吹笛人能够演奏多首不同的乐曲，操作方式非常精密，甚至模拟了人类在吹笛时的唇部、手指和呼吸控制。它是当时最先进的自动化乐器演奏机器人，标志着机械技术在仿生设计中的成功运用。

2. 自动机械鸭

自动机械鸭是沃康松最著名的发明之一，于 1738 年展出。这只机械鸭能够模仿真实鸭子的各种动作，包括进食、消化和排泄。鸭子通过内部复杂的机械装置“吃下”谷物，随后排出类似消化物的物质。这个“消化”过程并非真正的生物消化，而是将玉米粒装入鸭子的体内，被储存在喉咙部位的小槽中，经过一段时间后，人造的粪便盒就会打开，使得机械鸭看起来更为

自动机械鸭的外观

逼真。这个发明展示了自动化技术的可能性，也被视为 18 世纪最复杂的自动机器之一。

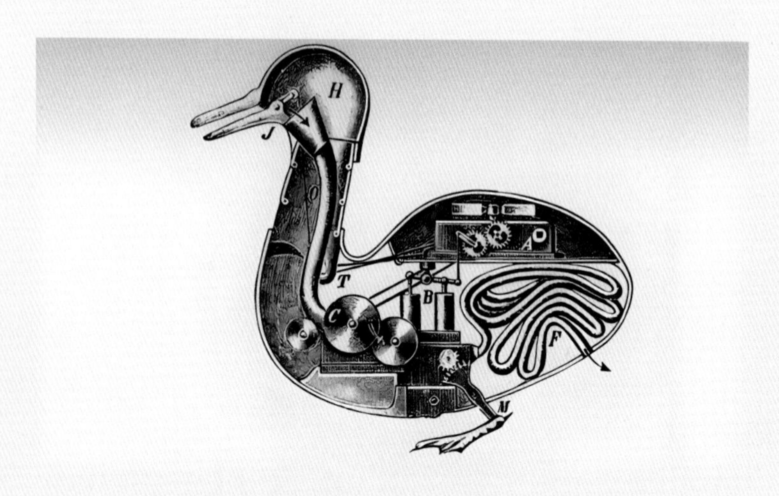

自动机械鸭的内部构造图

3. 自动鼓手

自动鼓手是另一个人形自动化机器，它可以击打鼓和响板，演奏复杂的节奏。这些人形自动化机器展示了沃康松在机械工程和艺术结合方面的天才，是早期自动化和机械人类模拟的范例。

4. 自动纺织机

沃康松也为纺织业作出了贡献。他发明了一种早期的自动纺织机，这种机器能够通过打孔卡片来控制纺织过程的图案和颜色变化。这种设计理念后来帮助约瑟夫·玛丽·雅卡尔发明了“雅卡尔织机”，后者则直接启发了现代计算机的打孔卡片技术。

自动纺织机

沃康松的许多设计理念对后来的自动化、机器人技术和计算机科学都产生了深远影响。沃康松对自动机的深入研究不仅展示了人类对仿生学和机械运动的掌控能力，也为后来的自动化发展奠定了扎实的基础。

1782 年 11 月 21 日，沃康松因健康原因在巴黎去世，但他的发明却永久地留存于博物馆内。他的机械鸭现藏于波兰的克拉科夫国家博物馆，仍然吸引着来自世界各地的游客。如果你有机会去克拉科夫国家博物馆，务必近距离欣赏这位传奇发明家的伟大作品。

探秘仿生机器人：自然界的超级模仿者

想必大家都听过“仿生机器人”。顾名思义，仿生机器人就是模仿自然界中各类生物的功能、结构以及特点所设计制造出来的一种机器人。通过借鉴生物的独特优势，使机器人能够更好地替代人类去执行各种各样的任务。这一领域的研究相当精彩，它将仿生学与机器人学相融合，把自然界带来的启示和机器人技术巧妙地结合在了一起。

举个例子，许多人都对苍蝇感到厌恶，但苍蝇却是一个很好的“老师”。科学家们发现苍蝇的小翅膀——楫翅，它的主要功能是帮助苍蝇在飞行时保持身体的平衡和纠正其飞行方向，使苍蝇能够直接起飞而不需要跑道。这启发了人们改进飞机的设计，使飞机在空中飞行时能够更为灵活、稳定。这就是仿生学的应用，通过模仿自然界中生物的结构和功能，来改进和创新人造机械。

为什么要进行仿生研究呢？我们可以从另一个角度来理解。

在生命的演化过程中，生物只有适应环境才能生存下来，只有最适应环境的生物才能在进化中处于最有利的位置。因此，仿生研究可以帮助我们学习自然界中各种生物的优化适应策略，为人类技术的发展提供依据和灵感。

仿生机器人有很多种，有的模仿动物，还有的模仿植物。

例如，有一款仿水黾机器人能像水黾一样在水面滑行，展示出了极高的仿生性能和应用前景。

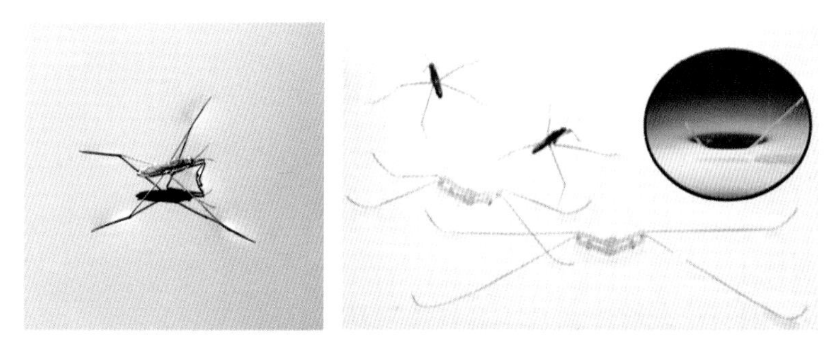

水黾（左图）与仿水黾机器人（右图）

仿水黾机器人

仿水黾机器人是一种基于水黾在水面上行走原理的微型仿生机器人，能够通过水的表面张力保持漂浮并在水面上移动。

1. 原理

水黾的腿部具有特殊的微观结构，能够在水面上创造足够的浮力，使其不沉入水中。人们通过采用超疏水材料构建仿水黾机器人的腿部，使其能够在水面上行走而不破坏水的表面张力。同时，仿水黾机器人利用驱动机制（如电动马达）产生推力，来推动腿部完成行走或跳跃。

2. 特性

（1）轻量化设计：仿水黾机器人通常重量极轻，往往只有几克，以确保其能够有效利用水的表面张力。超轻的重量使得它能够在不破坏水的表面张力的情况下进行移动。

（2）高效移动：仿水黾机器人能够高效利用其超疏水材料构建的腿部产生的推力，在水面上执行多种动态动作，包括快速滑行和跳跃。仿水黾机器人能够产生比自身重量大得多的推力，模拟水黾的运动方式。

（3）耐用性和防水性：仿水黾机器人的制作材料和设计专门针对有水的环境，可以有效防止腿部或内部机械受到水的侵蚀。超疏水材料确保了仿水黾机器人在水面上的长时间运行。

3. 应用领域

（1）环境监测：仿水黾机器人可以用于水质监测，通过在湖泊、河流等水体中移动来收集数据，如监测污染物水平、水温等。

（2）军事和安全：由于仿水黾机器人具备轻巧和灵活的特点，它可以在军事领域用于执行水面侦察和监控任务，尤其是人类难以进入的水域。

（3）搜索与救援：仿水黾机器人可以用于洪水灾害或其他紧急救援场景，它可以快速进入灾区水域，提供实时的水面状况信息。

空中仿生机器人特别引人注目，因为它们能模仿鸟类优雅地飞行。例如，下图展示的是德国费斯托公司研发的仿生机器鸟“SmartBird”，它的飞行动作惟妙惟肖。它既能够模拟鸟类在天际滑翔，也能极其逼真地扑动翅膀，让人难以区分真假。

另外，水下仿生也是一个研究热点。水下世界的生物种类

仿生机器鸟“SmartBird”

繁多，包括各种鱼类、鲸豚类哺乳动物，以及诸如章鱼、扇贝等低等生物。科学家们一直在努力研究这些水下动物，从而制作出仿生机器人的原理样机。我们将在第三讲中专门探讨水下仿生机器人。

最后我们来介绍一下仿植物机器人。这可能会让大家感到奇怪，因为通常我们提到仿生时，都是指模仿动物。仿植物机器人是仿生学的一个新兴领域，灵感来源于植物的结构、功能和适应性。与仿动物机器人不同，仿植物机器人主要模仿植物的生长机制、光合作用、根系扩展、攀爬能力等功能。这类机器人的设计往往强调能量效率、环境感知和与环境的互动能力。仿植物机器人可以帮助我们解决一些难题，比如想要穿越狭窄的隧道，便可以通过模仿植物的生长方式来解决。

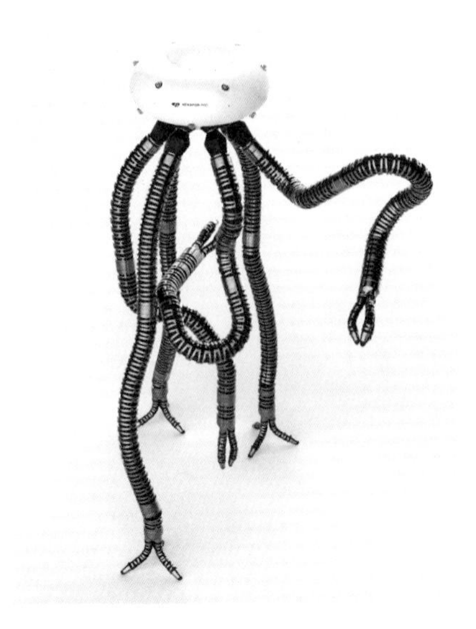

仿章鱼机器人

仿植物机器人

思考探索

现在轮到你来发挥想象力啦！上网搜索一下“机器海豚”或“机器蜂鸟”，看看这些超酷的仿生机器人，然后思考以下问题：

1. 通过了解仿生机器人，你对它们有什么新的看法？你认为未来它们会在哪些领域大放异彩？

2. 你认为仿生机器人和传统机器人有哪些不同？它们分别有哪些优点和缺点？

3. 如果你是一名机器人科学家，你会选择研究哪种仿生机器人？原因是什么？

4. 设计一个你自己的仿生机器人原型，并且描述它的外观、功能和可能的应用场景。

完成这些思考题后，与同学们分享你的想法，看看谁能设计出最酷炫、最实用的仿生机器人原型！

第三讲

魅力机器鱼

想象一下，如果我们能在水下自由地游来游去，那会是怎样的体验？虽然我们还不能变成真正的水下生物，但科技的进步使我们有机会通过机器鱼来探索水下的神秘世界。这次，我们要深入了解这些神奇的水下机器伙伴！

故事要从冷战时期说起。美国在进行一次飞机空中加油测试时，因操作失误，导致了一架携带四枚氢弹的轰炸机爆炸起火，其一枚氢弹坠入了大海深处。为了找回那枚掉入海中的氢弹，美国不得不投入大量人力和财力资源研发水下机器人。

这一事件不仅深刻地揭示了高科技在维护国家安全与稳定中的不可或缺性，同时也标志着水下机器人技术这一新兴领域的正式起步。从那一刻起，水下机器人便逐渐成为人类探索深海、解决水下难题的重要工具。它们凭借独特的优势，在海洋科研、水下救援、水下考古、军事侦察等领域发挥着日益重要的作用，成为我们探索水下神秘世界的得力助手。

传统水下机器人的局限性

传统的水下机器人主要分为两种：一种是如同依靠脐带连接着妈妈的胎儿那样，通过电缆与外界联系的有缆机器人，但它的工作空间很有限；另一种则是独立运动、自由自在的自主水下机器人，但它的能力非常有限。因为这两类机器人都有各自的技术瓶颈，所以难以满足现在越来越高的实际应用需求。

近十年来，仿生水下机器人的发展备受关注，大家希望通过仿生的思路提升水下机器人的性能。

水下有缆机器人

机器鱼的制作过程

要了解机器鱼的诞生，首先需要理解鱼类的游动原理。通过动力学建模、理论分析和仿真技术研究，科学家们发现，鱼尾的摆动以及身体后部与周围水体的相互作用产生了推动力，从而驱动鱼类前进。

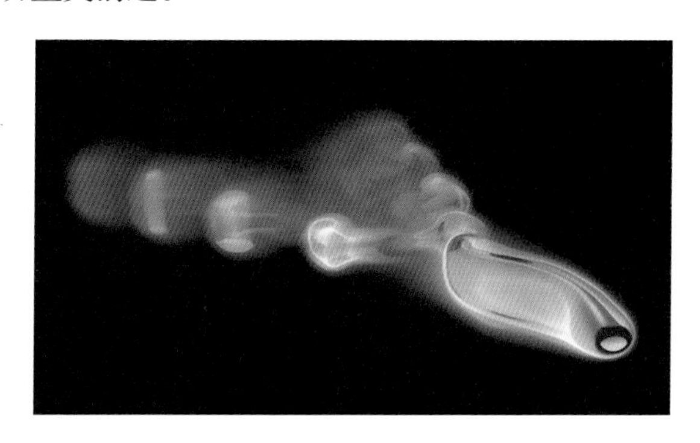

鱼体摆动的流体力学模拟

有了这个关键发现，科学家们接下来的任务就是使用机械手段模拟这种摆动，使其能够与水进行相互作用了。

机器鱼的制作过程充满了科学性和趣味性。

先是设计游动机构。鱼的游动本质上是肌肉的收缩和连续的变化，可以用电机形成一个简单的链式结构来近似模拟这一过程。然后，再加上电池、主控芯片和通信模块等组成电气系统。最后，进行鱼头、鱼尾等外形部分的设计和加工。现如今，3D 打印技术发展得非常成熟，可以直接根据真鱼的外形打印出机器鱼的外形，让机器鱼看起来和真鱼一模一样！

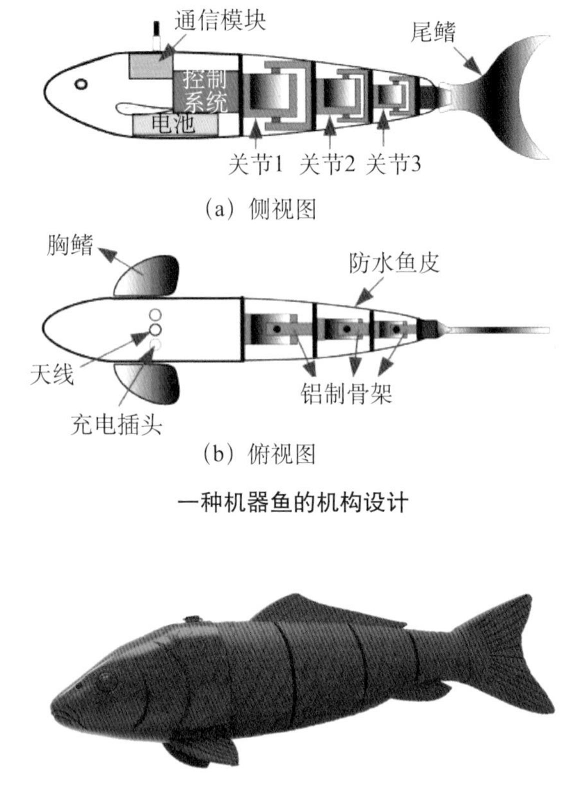

一种机器鱼的机构设计

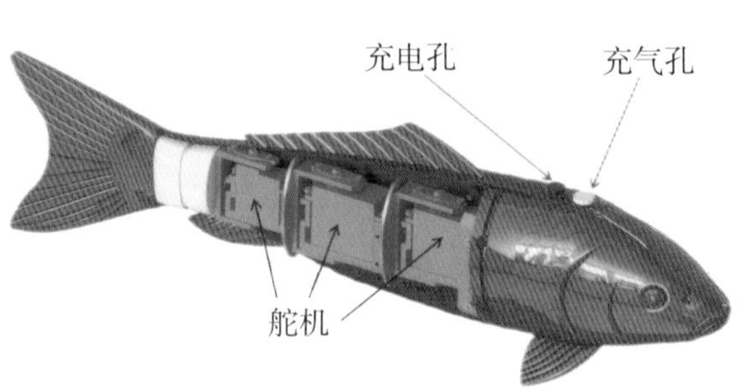

仿锦鲤机器鱼样机及内部构造

但光有好看的外壳还不够，软件设计更为关键。如果电机的摆动没有设计好，可能其最终合力为零，就会导致机器鱼虽然在持续摆动，但根本无法前进。因此，算法设计和优化变得极其重要，只有算法设计和优化做好了，才能确保机器鱼每次摆动都能够产生正确的鱼体波动，让机器鱼像真鱼一样在水中畅游。

机器鱼的个体仿生

在北京大学工学院，有一个特别的实验室——智能仿生设计实验室，它诞生于 2018 年 5 月，正值北京大学 120 周年校庆。

机器鱼编队展示

在这个实验室的名字中，藏着三个关键词：

1. 智能

就像前面的内容提到的，智能技术是未来机器人界的大明星，我们追求的就是让我们的机器人聪明起来，能自主思考、自主决策！

2. 仿生

仿生就是我们把大自然的万物看作最棒的老师，从树叶到蜜蜂，从大鱼到小虫，无所不学。想象一下，通过模仿自然界的大师们，我们的机器人也能飞上天空，或是在海里畅游，甚至模仿植物在阳光下生长。这种从自然中获取灵感的方式，让我们的创造不仅仅是复制品，更是在原有的基础上作出创新，让人造之物有望超越天然之美。

3. 设计

设计是将我们头脑中闪闪发光的想法转化成实实在在的产品。无论是策划一款新游戏，还是构思一个新机器人，都需要巧妙的设计来实现。我们希望，通过巧妙的设计，让我们的科研成果不仅具备高深的理论框架，更能脚踏实地地走进人们的生活，解决实际问题，让科技成果真正“落地生根”。

“北京大学智能仿生设计实验室”的官方网站

想象一下，如果你是一条鱼，你会怎样在水中优雅自如地穿梭，而不是笨拙地被水流推着走？这正是科学家们研究机器鱼的原因。他们希望通过掌握鱼在水中游动的原理，来创造出能够在水下自由移动的机器人。

机器鱼的灵感来源

接下来，我们介绍一些北京大学智能仿生设计实验室的相关研究成果。

首先，我们来看一个仿生对象——箱鲀，它是一种生活在珊瑚礁中的鱼。大家一定认为它和一般的鱼不太一样，因为它有着突出的外形特点。一般的鱼都是流线型的，但这个鱼的脸是内凹的，可谓“骨骼清奇”。科学家们曾经很好奇为什么这种鱼会演化出如此奇特的形态。后来，科学家们通过数学建模和流体力学相关的分析发现，尽管这种鱼的外形很奇特，但它有一个优点——在水流冲击下能够保持稳定，不会翻倒。因此，著名的汽车公司梅赛德斯 - 奔驰将这种鱼作为仿生对象，设计了

箱鲀

一款概念车，使其在陆地上行驶时更加稳定。

仿箱鲀概念车

此外，箱鲀生活在复杂的珊瑚礁环境中，通过胸鳍和尾鳍的配合来实现其在水中灵活移动，不会碰撞到其他物体，我们称之为“凌波微步”。这一点对于我们希望赋予将来的水下机器人具有良好的机动性非常重要。这种鱼的俗名叫作盒子鱼（box fish），它是硬骨鱼，不会变形。相比之下，我们制造的仿锦鲤机器鱼内部装有许多电机、电线和电池等，很难增加其他载荷。而仿箱鲀机器鱼则不同，它的内部空间充足，可以进一步添加传感器等元件，为我们提供了更多应用的可能性。

下面展示的是北京大学智能仿生设计实验室设计的仿箱鲀机器鱼的设计图。

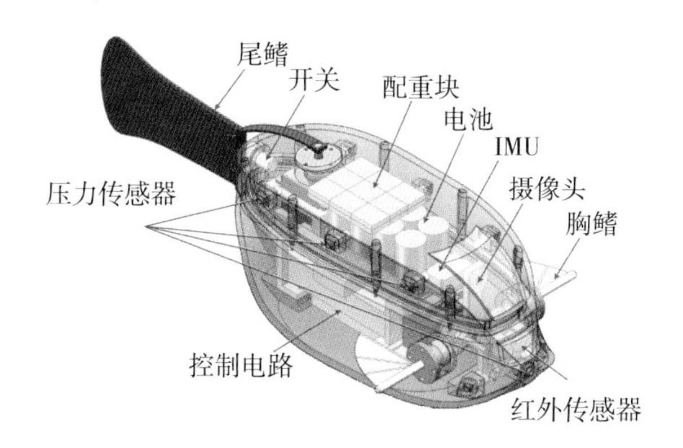

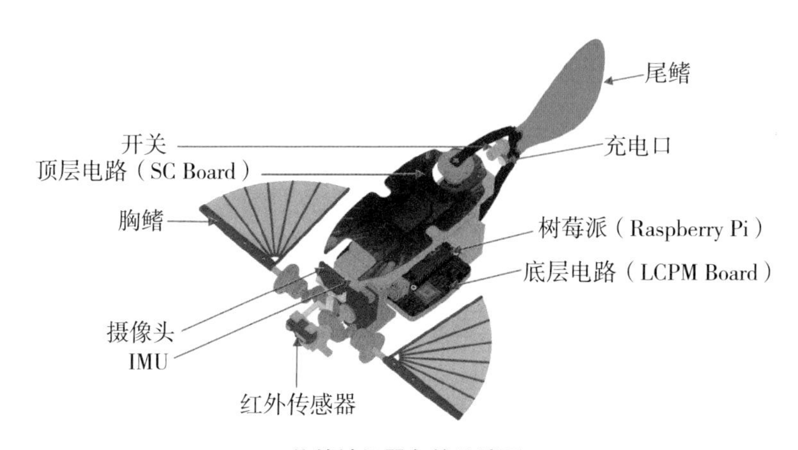

仿箱鲀机器鱼的设计图

下面两幅图的左图展示了我们设计的锥齿轮，使得机器鱼的两个胸鳍可以独立运动，而右图展示的是尾鳍部分的设计。仿箱鲀机器鱼的电路设计非常小，有些部分甚至和硬币的大小差不多。此外，我们还采用了一种开源硬件，称为“树莓派”，它便宜且功能强大，为机器鱼开发提供了便利。

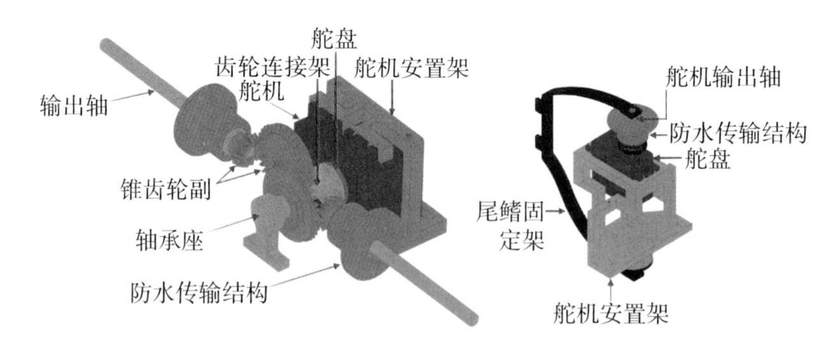

仿箱鲀机器鱼的锥齿轮和尾鳍部分的设计

为了使仿箱鲀机器鱼的整个设计更加紧凑，我们还设计了异形电路板，以使电路板的形状与我们的仿生鱼接近，最终形成了整体样机。

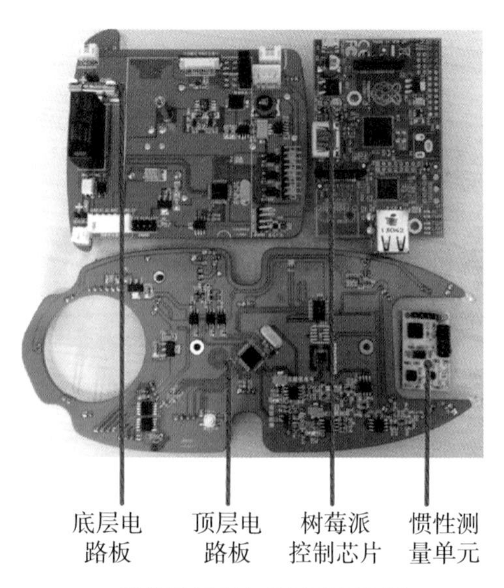

仿箱鲀机器鱼的异形电路板

下面这个复杂的公式和示意图展示的是仿箱鲀机器鱼的运动算法设计。大家不用过于在意这个公式，它其实是一种仿生的方式，即按照特定的神经系统，来控制肌肉运动的过程以及舵机的转动，最终呈现出我们期望的三维鱼的效果。

$$
\begin{aligned}
\dot{a}_i &= a_i(A_i - a_i) \\
\dot{x}_i &= \beta_i(X_i - x_i) \\
\dot{\phi}_i &= 2\pi f_i + \sum_{j \in T_i} u_{ij}(\phi_j - \phi_i - \varphi_{ij}) \\
\theta_i &= x_i + a_i \cos(\phi_i)
\end{aligned}
$$

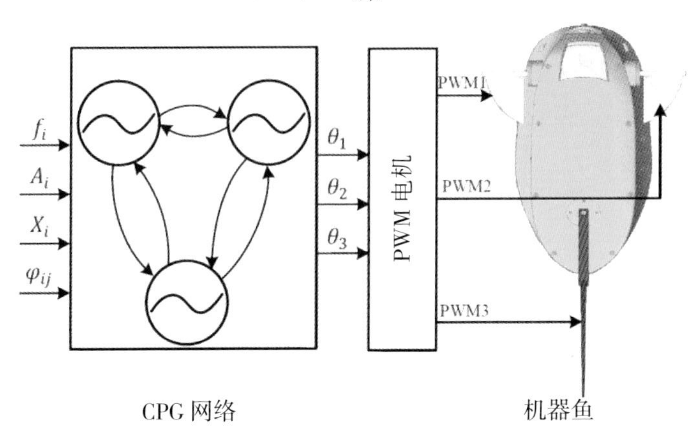

仿箱鲀机器鱼的运动算法设计

通过精心的结构设计、硬件设计再到软件设计，这台机器鱼样机终于大功告成！这台机器鱼可不简单，前进后退对它来说就是小菜一碟，它还能在水中表演后空翻、前滚翻、横滚等精彩动作，完美满足了机器鱼三维空间中的机动性的需求。

仿箱鲀机器鱼样机

仿箱鲀机器鱼北极首航

感知仿生

运动仿生研究固然重要，但我们还有另一个关键的研究方向，那就是感知仿生。感知在机器人的应用中非常重要，因为机器人若想自主地在环境中执行任务，就要先能感知环境的状况，例如水是否清澈，操作对象在什么位置，等等。一般来说，我们首先想到的是用摄像头进行观察，所以一开始我们的研究确实使用了摄像头。但后来发现，摄像头在不少情况下不太靠谱，例如，当天黑或者水质变得浑浊时，摄像头就没法发挥作用了。

在这种情况下，我们向生物学家请教，有一个惊喜的发现：鱼类有一种特别的感知系统，叫作侧线系统。

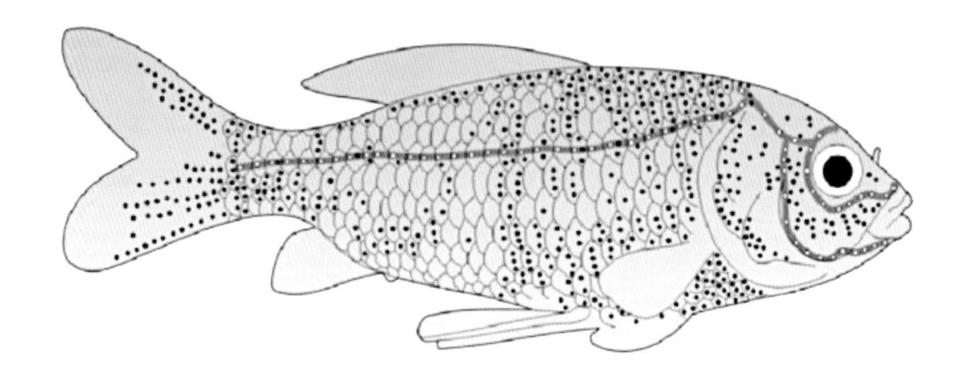

金鱼的侧线系统

鱼的身体上分布着很多感知器官，它们能感知周围水的变化，对鱼类的生存行为有着至关重要的作用。侧线系统能帮助鱼类感知同伴的位置、食物的方向、有没有障碍物，甚至有没有天敌。基于这个发现，除了视觉感知的研究，我们还开启了仿生侧线系统的研究之旅。

我们购买了商用的压力传感器，把它们安装在机器鱼的正面、脸部以及身体两侧，组成了一个简易的侧线系统。可别小瞧这个简易的侧线系统，它能帮机器鱼完成很多任务！

这个侧线系统能感知机器鱼自身的情况，比如估算机器鱼的游速。我们做了一个实验，让机器鱼在水中游动，并测量各个位置的压力传感器数据。然后，用其他办法实际测定机器鱼的游速，建立它们之间的关系，从而得到了一个数学模型。通过反解这个模型，我们就能计算出机器鱼的游速。更进一步，我们甚至能估算出鱼在水中的游动轨迹。这对了解机器鱼的运动状态及其在水中的位置至关重要。所以，就算没有摄像头或者其他感知方式，我们也能清楚地知道机器鱼的游动情况和位置，这实在是意义重大！

侧线系统除了可以感知机器鱼自身的姿态变化和游动轨迹，我们还尝试用它来感知机器鱼伙伴。我们做了这样一个实验：在水里，一条机器鱼游动的时候会产生有规律的涡街；我们放置了另一条机器鱼去感知前方涡街的变化，以此预估机器鱼伙伴在前方的位置和角度。我们在国家重点实验室的水池里做了这个实验，有了初步的结果。现在我们还在继续深入研究这个方向，争取完成更复杂的跟随任务。

还有一个研究方向是水下通信。现在，5G 技术是通信的主流，给我们的研究提供了不少支持。不过，在水下，传统的通信方式可就行不通了，因为无线电波在水中衰减得特别快。水声通信是常见的办法，但我们希望能有一种新的方式让机器鱼之间更好地进行局部通信。受到大自然的启发，我们发现有一类鱼，叫弱电鱼，它们能调整身体机能，在身体周围形成电场，与其他伙伴互动。我们把这个发现提炼成相应的模型，进行理论分析和仿真，最后设计出了相应的发射电路、接收电路和通信协议。我们成功地把这种新型通信方式集成在机器鱼的主控板上，形成了一种新的水下无线通信方式，称为仿生电场通信。这种通信方式刚被研究出来的时候，它的有效距离只有 3 米，不过在 2023 年我们最新的研究中，它的通信距离已经达到 20 米！我们还在努力提升它的性能，为今后的实际应用做准备。

弱电鱼

弱电鱼指的是能够通过释放微弱电流来感知环境并进行导

航的鱼类，比如象鼻子鱼和魔鬼刀鱼。这类鱼主要生活在水质比较浑浊的地方，它们的眼睛看不清东西，所以它们通过电场的变化来感知周围的环境，类似于蝙蝠依靠回声定位来判定外界物体及自身的位置。

象鼻子鱼

魔鬼刀鱼

弱电鱼的身体里有一种叫“电器官”的特殊结构，可以发出微弱的电流。当电流在水中传播时，如果遇到石头、其他鱼或者障碍物时，电流就会被反射回来。弱电鱼的皮肤上有很多感应器，这些感应器能“听到”反射回来的电信号，告诉它前方有什么东西，这样它就能避开障碍或找到食物。

弱电鱼的这个能力不仅让科学家们对鱼的行为感兴趣，还启发了很多工程师。他们模仿弱电鱼的工作方式，发明了可以在水下探测的机器人和传感器。这些技术可以用在寻找沉船、探测海底矿藏等任务上。

水下作业

接下来，我们又想到了另一个研究课题，那就是水下作业。比如说，海鲜是大家特别喜欢的美食，像扇贝、海参、海胆、鲍鱼等，但现在很多这类海产品都需要依靠人工潜水捕捞。对潜水员或蛙人来说，这是一项辛苦的工作，并且长期从事这项工作还容易得职业病，现在的年轻人都不太愿意从事这项工作。所以，现在急需用机器捕捞来代替人工捕捞。

那么，如何设计一种仿生的抓捕装置呢？我们受章鱼的启发，设计了一款仿章鱼软体抓取手，这个软件抓取手可以抓取多种形状（平面或非平面）和尺寸的物体，能够实现对海鲜的无损抓取。

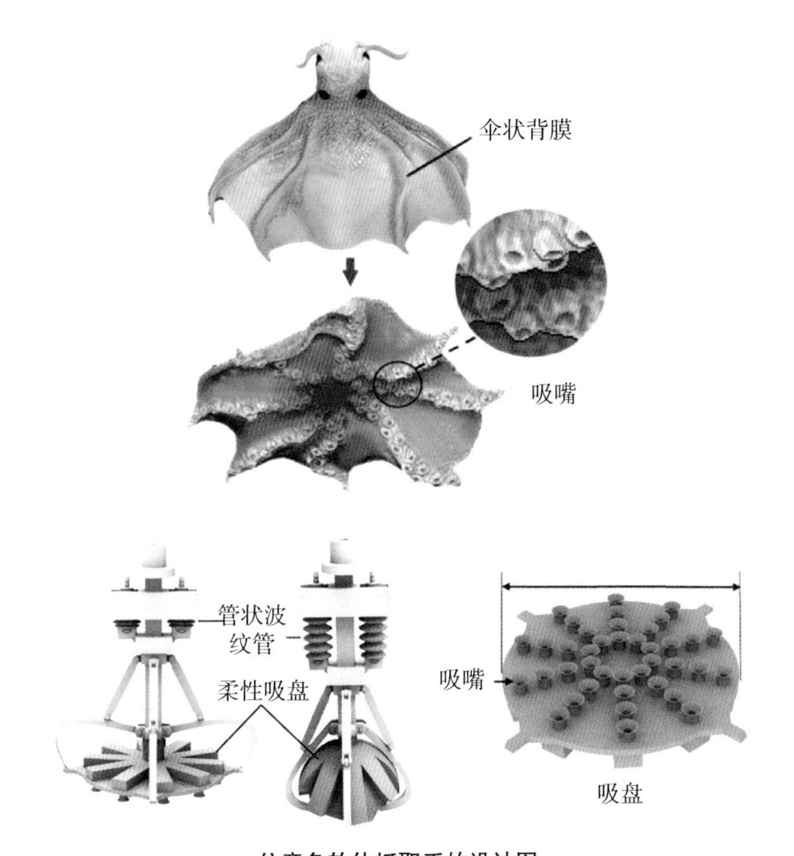

仿章鱼软体抓取手的设计图

假设让你设计一款仿生抓捕装置，你打算模仿哪种动物的捕食技能？你认为在海洋环境中，这个装置最主要的设计特点应该是什么？

机器人群体仿生

我们的研究不仅关注单个机器人的仿生，还特别注重机器人群体仿生。在面对某些复杂任务时，单个机器人的能力可能不足，这时群体协作就显得尤为重要。比如，在搜寻失踪飞机马来西亚航空 MH370 的任务中，单个机器人难以独立完成任务，我们希望研发出一支由数百甚至上千条机器鱼组成的团队，互相配合，共同完成任务。

在自然界中，许多水下生物都是以群体形式生活的，通过集群行为来提高生存率。比如，下面这张水下摄影作品展示了数百条鱼组成的紧密团簇，这些鱼形成紧密的环形并协同游动。鱼的这种行为并不是在做游戏，而是为了生存。鱼类集群行为可以提高觅食成功率，增强对捕食者的防御能力，并更有效地利用资源。因此，我们认为群体仿生是一个非常重要的研究方向，值得我们深入学习和探索。

一些生物学家总结了水下生物的集群行为，他们发现，这些群体构型可以通过简单的规则来设计。比如，当鱼离开伙伴较远时，它们会趋向靠近；而当距离过近时，它们则会保持一定的距离。此外，它们的游动方向通常受周围伙伴的平均方向影响。这种行为模式可以用数学语言简洁地表达出来，并且通过数值模拟可以发现，这些规则与实际观察到的鱼群行为高度一致。

壮观的鱼类集群行为

此外，与群体仿生相关的还有一个重要概念，叫作“群体智能”，这也是人工智能研究的一个重要方向。通过研究群体仿生和群体智能，我们希望能开发出更加智能和高效的机器人系统，为解决实际问题提供新思路。

鱼类集群行为

鱼类集群行为是指鱼群中个体鱼通过相互协调和合作，形成紧密的群体，并一起游动的现象。这种行为在自然界中非常普遍，尤其是当动物群体面对捕食者威胁或寻找食物时。

那么，鱼类为什么会集群?

1. 提高生存率

集群行为可以让鱼群更好地应对捕食者的威胁。当一群鱼在一起紧密地游动时，捕食者很难锁定单个目标，从而增加了每条鱼的生存机会。

2. 提高觅食成功率

集群中的鱼可以相互合作，提高觅食的成功率。比如，当一群鱼在一起游动时，可以更容易找到食物源，并且通过合作来捕捉到更多的食物。

3. 节省能量

鱼群中的个体鱼可以通过集体游动来减小水流的阻力，从而节省能量。集群中的鱼可以利用前面的鱼游动时产生的涡流，减少自身游动时的能量消耗。

研究鱼类的集群行为不仅有助于我们了解自然界的生物现象，还可以为科技的发展提供灵感。例如，科学家们通过研究鱼类的集群行为，设计出可以协同工作的机器人系统，这些机器人可以应用于搜索和救援任务或是环境监测等领域。总之，鱼类的集群行为是一个迷人的现象，通过研究它，我们可以学到许多关于生物协作和智能的知识。

机器人意识仿生

接下来，让我们进入一个更深层次的仿生研究——意识仿生。在生物学中，我们认为所有生物都有一定程度的意识，这是生命的本质之一，也是生命与机器最大的区别。那么，我们是否能赋予机器人一定程度的意识呢？

什么是“意识仿生”？

“意识仿生”是一门结合神经科学、人工智能和仿生学的前沿研究领域，目标是通过模仿人类的大脑意识，开发出具备类似意识功能的机器或系统。这种技术能够帮助我们理解意识的运作方式，并将其应用到人工智能中，让机器拥有类似人类的感知、思考和反应能力。

1. 什么是意识？

简单来说，意识就是我们感知周围世界、思考问题、记住事情以及作出反应的能力。比如，当你看到一只猫时，你的大脑会处理这个信息，让你意识到这是一只猫，同时你可能会想起之前和猫的各种互动。这些都是意识的表现。科学家们认为，如果我们能弄清楚大脑是如何产生这些意识的，就有可能利用人工智能技术在机器中“再现”意识的功能。

2. 意识仿生的应用

虽然意识仿生目前还在研究阶段，但科学家们已经开始设想它在未来可能的应用场景。这项技术有潜力在多个领域带来革命性的变化。

● 智能机器人

想象一下，有一天我们可以制造出真正“聪明”的机器人。这些机器人不仅能按照程序执行任务，还能像人一样“思考”，根据环境的变化作出决策。例如，一个具备意识的家用机器人可能会根据主人的习惯调整工作，比如在主人感到疲惫的时候主动关掉电视，或者在发现家里有危险时发出警报。

● 医疗领域

在医疗方面，意识仿生有着巨大的应用潜力。科学家们希望通过研究大脑意识的运作，开发出帮助治疗神经系统疾病的仿生装置。例如，对于患有记忆丧失或阿尔茨海默病的病人，仿生技术可以帮助其修复大脑中的记忆功能，让他们恢复部分或全部的记忆能力。

● 虚拟现实和增强现实

意识仿生还可以大大增强虚拟现实（VR）和增强现实（AR）的体验。未来的 VR 设备可能不仅仅是视觉和听觉的模拟，还能让用户通过意识与虚拟世界互动。比如，用户在玩游戏时，虚拟世界中的角色可以根据玩家的情绪和行为作出智能反应，创造更加真实和沉浸式的体验。

● 教育和学习

具备意识功能的仿生系统还可以用于教育。未来的教育机器人可能能够理解学生的情感状态和学习进度，提供个性化的学习帮助。如果学生在某个知识点上表现出困惑，机器人能够“感知”到这一点，及时提供适当的解释或调整教学方式。

• 人机交互

随着仿生技术的进步，未来的计算机和设备可能具备更高层次的交互能力。一个具备意识的设备不再需要人们通过按键或语音命令来控制，它能够主动理解用户的需求。例如，当你走进家门时，家里的智能系统可能会“感觉”到你的到来，自动打开灯、调节温度，甚至根据你的心情播放合适的音乐。

意识仿生的潜力是巨大的，不仅仅局限于改善现有的技术，还可能彻底改变我们与机器互动的方式。这项技术虽然目前还处于起步阶段，但未来我们有可能看到它在机器人、医疗、教育等领域带来的巨大突破。科学家们正致力于揭开意识的奥秘，为未来的技术创新打下基础。

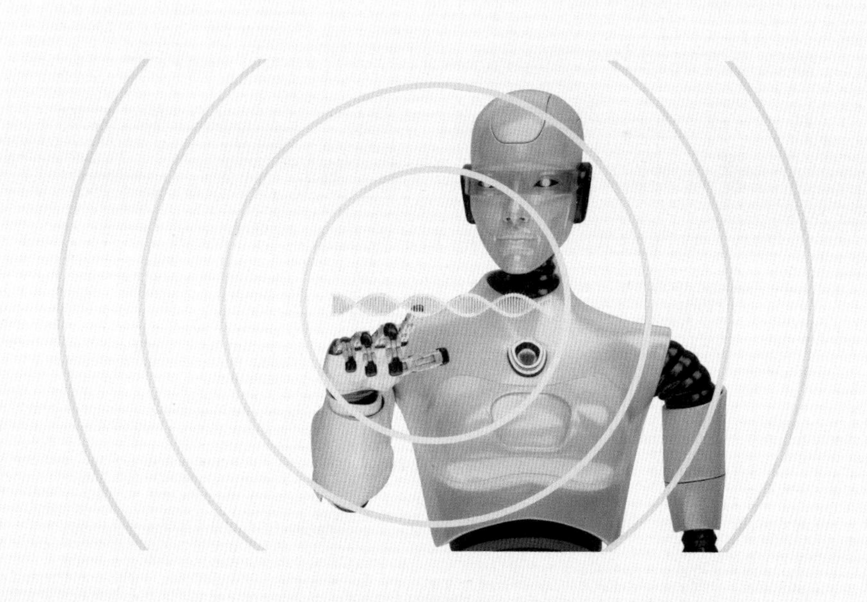

目前的机器人都是按照预先设定的规则行动，比如前面提到的，当机器人离伙伴太近时会稍微远离，离远了则会靠近。但生物体的决策过程远比这复杂。它们有自己的意识，一般来说，每个个体都是自私的，都是为了保护自身利益而行动。我们尝试引入“自私”的概念到机器人的动态模型中。在执行任务时，不再强制机器人严格执行命令，而是让它们有一定的自主决策空间，他们可以选择全力执行或留有余地。为什么这样做呢？生物学家发现，在恶劣的环境下，一个群体中并非所有个体都愿意互助，有些个体是自私的，而这样的群体更容易在资源有限的条件下生存。

将来，当我们派遣一群机器人去执行任务时，也可能会面临资源有限的情况，因此，我们希望机器人也能够利用“自私”的概念来更好地完成任务。我们设计了一系列任务，发现了一条“微笑曲线”：如果所有机器人都很“自私”，执行效率会很低，资源消耗会很大；而当某些机器人既不是很“自私”，也不是完全“无私”时，整体系统的执行效率更高，资源消耗更低；但如果它们都全力合作，资源消耗也会增加，整体能耗过高。

通过仿真，我们获得了以上结果。下一步，我们希望通过更精确的数学理论来描述这一现象。总的来说，我们的结论是：适度的“自私”对机器人群体的协作是有利的。

以上这些研究都是以自然生物为研究对象，从它们身上学到的经验。我们以自然为师，向自然学习。通过向鱼类学习，我们已经成功研发了各种类型的机器鱼。反过来，我们还可以用机器鱼研究鱼类，把机器鱼作为一种新的研究工具来解释生物学中的一些现象。

例如，生物学中有一个著名的观点，即鱼类集体游动的原因之一是为了节省能量。这个猜想早在20世纪70年代就在*Nature*杂志上提出过，但一直没有给出确切的证明。因为研究鱼类的能量消耗是非常困难的，如何测量鱼类的能量消耗、如何设计实验等都是非常棘手的问题。

我们的解决方案是利用机器鱼来进行实验。

首先，我们需要进行单鱼实验，证明我们的机器鱼已经具备了很好的运动性能，其游动效果与真实鱼类相仿。

其次，我们让两条机器鱼在水槽中编队游动，并测量其功率变化。通过功率的变化，我们可以确定后方机器鱼在前方机器鱼的什么位置，在什么条件下能够节省能量。由此我们总结出了一种机器鱼的节能规律。那么，这种规律是否与真实鱼类相符呢？

最后，我们使用真实鱼类进行实验，同样让它们在特定场景中游动，统计出出现频次最高的鱼类相对位置关系。这些位置关系恰好与机器鱼的节能规律完美匹配。因此，我们可以利用机器鱼来研究真实鱼类的行为，为相关的鱼类研究提供可信的数据。这个研究表明，机器人技术的发展已经渗透到科学研究领域。我们不仅仅是为了工程应用而研发机器鱼，它们也可以作为基础科研的工具，提升我们的生物学研究水平。

请大家想一想：机器人在生物学的研究中还可能被应用于哪些方面呢？

从“师法自然”到“道法自然”

这里我们要介绍一个机器人在未来可能很有前途的应用——引导生物。我们曾在北京大学的未名湖测试机器鱼样机的性能，如观察它们的游动路线、速度等。结果发现一个让我们颇为惊奇的现象：机器鱼在前方游动时，后面跟着一群真鱼一起游动，机器鱼转弯，真鱼也跟着转弯。由此我们产生一个新的研究方向，即“道法自然”。

那么，“道法自然”是什么意思呢？

自然界不仅是我们看到和感知到的客观存在，更是一个动态的过程，拥有其自身的演化规律。当我们与自然互动并从自然中获取资源时，应当以更接近自然规律的方式与之合作。举个例子，目前人类的捕鱼方式比较粗暴，一网下去可能捕获许多我们不想食用的海洋生物，比如海龟也会被渔网缠住，导致它们受到伤害甚至死亡。未来的捕鱼方式可能因为机器鱼而发生改变。如果我们想要捕捉金枪鱼，可以用仿金枪鱼机器鱼将它们引导到合适的位置，然后只捕捉金枪鱼，而不对其他生物造成伤害。虽然这个技术目前还只是一个设想，但它展示了我们未来的可能性。

最近，我们正在研究一个更有实际价值的案例。这个案例背景非常重要，涉及了生态保护的问题。如今许多江河都修建了水电站，以满足人类对能源的需求，但是修建水电站后所形成的大坝却导致了许多鱼类的死亡。为什么会这样？因为许多

一群真鱼跟随一条机器鱼一起游动

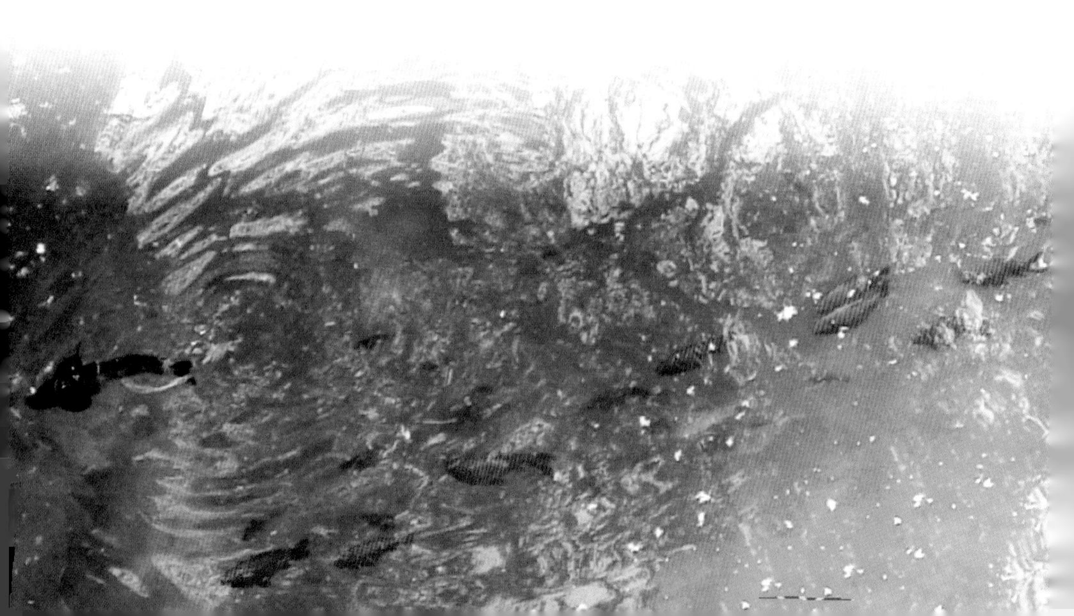

鱼类需要从下游游到上游产卵，但大坝建成后，鱼类无法洄游。因此，现在修建水坝的理念发生了变化，除了发电功能外，还要建造鱼道。鱼道通常位于大坝一侧，呈往复“之”字形。人们期望鱼类能够通过鱼道从下游游到上游。

然而，江河很宽，鱼道却很窄，鱼类从下游游到大坝时很难找到鱼道的入口。水利学家尝试通过各种声光刺激引导鱼类，但效果并不理想，有时还会对鱼类造成伤害。后来，他们偶然了解到北京大学智能仿生设计实验室有关机器鱼的研究，便联系我们，询问是否能够利用机器鱼来引导鱼类。于是我们展开了合作，设计了机器鱼引导真鱼游动的实验系统，分析机器鱼诱鱼的条件。这个研究正在进行中，我们期待能取得突破。

随着科技的不断进步，机器人在生态保护、医疗、教育、航空航天等领域的应用将越来越广泛。我们不仅可以利用机器人解决环境问题，还能通过它们进行太空探索、深海探险，甚至在医疗领域辅助手术，帮助病人康复。机器人技术的发展，将为人类生活带来更多便利和可能性。

同学们，机器人技术的未来掌握在你们手中。你们的好奇心、创意和努力，可能会成为推动这项技术发展的关键力量。多关注和学习机器人知识，不仅能开阔视野，还能为未来的科技创新奠定基础。希望大家积极参与到机器人研究和应用中，为建设更加美好的世界贡献自己的智慧和力量。

思考探索

请同学们思考仿生机器鱼在生活中还有哪些方面的应用，并分别从时间成本、经济成本、生态成本等方面分析这些应用的价值。

关于仿生机器鱼的研究，我们不仅在技术上取得了进展，还从中学到了很多自然界的智慧。未来，仿生学和人工智能将继续为我们提供更多解决问题的新方法和新思路。希望同学们也能从这些研究中获得启发，思考如何利用科学技术更好地与自然和谐共处。

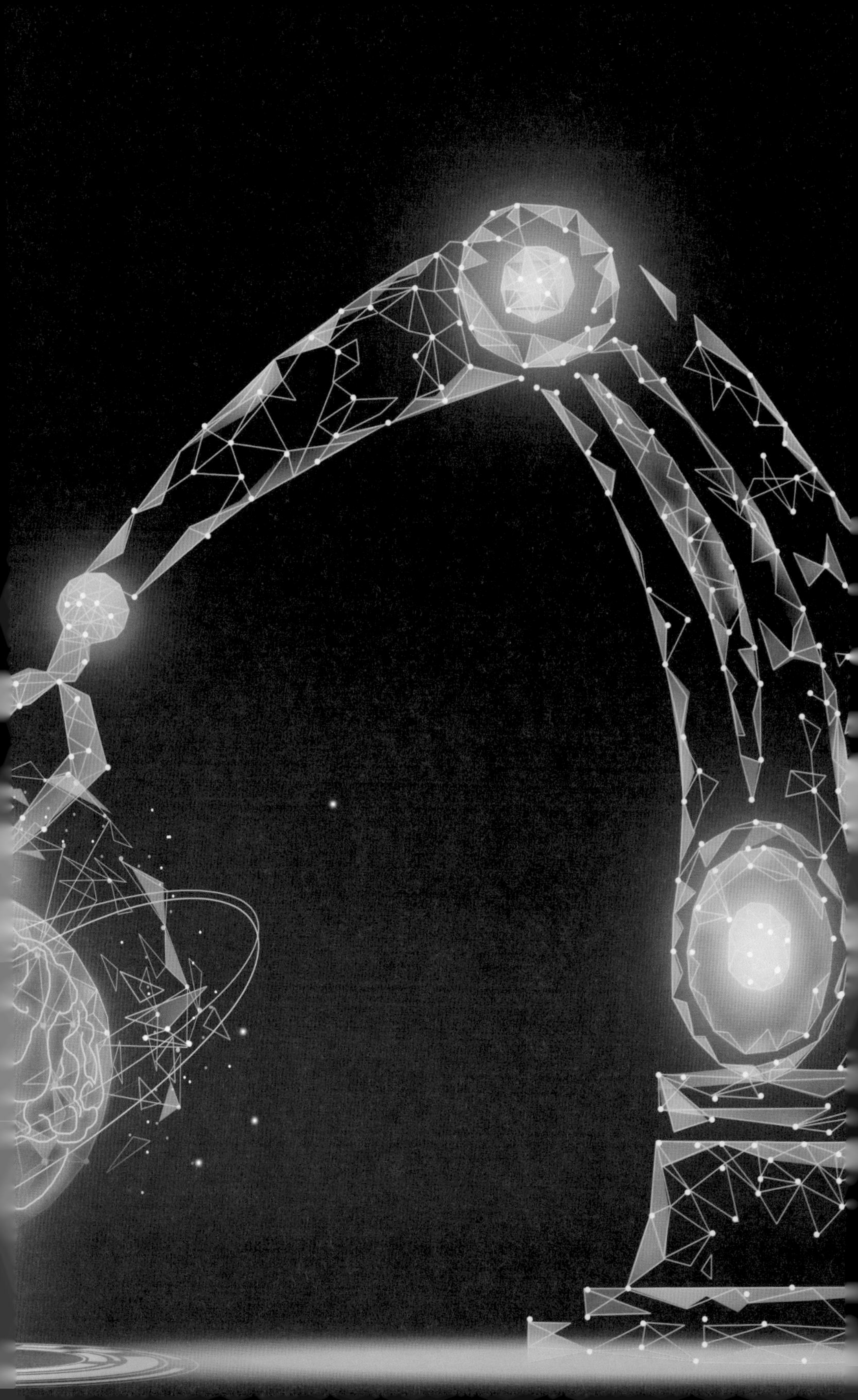

北大附中简介

北京大学附属中学（简称北大附中）创办于1960年，作为北京市示范高中，是北京大学四级火箭（小学－中学－大学－研究生院）培养体系的重要组成部分，同时也是北京大学基础教育研究实践和后备人才培养基地。建校之初，学校从北京大学各院系抽调青年教师组成附中教师队伍，一直以来秉承了北京大学爱国、进步、民主、科学的优良传统，大力培育勤奋、严谨、求实、创新的优良学风。

60多年的办学历史和经验凝炼了北大附中的培养目标：致力于培养具有家国情怀、国际视野和面向未来的新时代领军人才。他们健康自信、尊重自然，善于学习、勇于创新，既能在生活中关爱他人，又能热忱服务社会和国家发展。

北大附中在初中教育阶段坚持“五育并举、全面发展”的目标，在做好学段进阶的同时，以开拓创新的智慧和勇气打造出“重视基础，多元发展，全面提高素质”的办学特色。初中部致力于探索减负增效的教育教学模式，着眼于学校的高质量发展，在“双减”背景下深耕精品课堂，开设丰富多元的选修课、俱乐部及社团课程，创设学科实践、跨学科实践、综合实践活动等兼顾知识、能力、素养的学生实践学习课程体系，力争把学生培养成乐学、会学、善学的全面发展型人才。

北大附中在高中教育阶段创建学院制、书院制、选课制、走班制、导师制、学长制等多项教育教学组织和管理制度，开设丰富的综合实践和劳动教育课程，在推进艺术、技术、体育教育专业化的同时，不断探索跨学科科学教育的融合与创新。学校以“苦练内功、提升品质、上好学年每一课”为主旨，坚持以学生为中心的自主学习模式，采取线上线下相结合的学习方式，不断开创国际化视野的国内高中教育新格局。

2023 年 4 月，在北京市科协和北京大学的大力支持下，北大附中科学技术协会成立，由三方共建的“科学教育研究基地”于同年落成。学校确立了“科学育人、全员参与、学科融合、协同发展”的科学教育指导思想，由学校科学教育中心统筹全校及集团各分校科学教育资源，构建初高贯通、大中协同的科学教育体系，建设“融、汇、贯、通”的科学教育课程群，着力打造一支多学科融合的专业化科学教师队伍，立足中学生的创新素养培育，创设有趣、有价值、全员参与的科学课程和科技活动。